大学软件学院软件开发系列教材

JavaScript+jQuery 程序开发实用教程
(微课版)

潘禄生　吴军强　张照渊　主　编

清华大学出版社
北京

内 容 简 介

本书在上一版的基础上对多个层面的内容进行了适当加深。全书侧重于案例实训，书中配有丰富的微课，读者可以打开微课视频更为直观地学习有关网站前端开发的热点案例。

本书共15章，内容包括JavaScript概述、JavaScript语言基础、对象的应用、数组对象、JavaScript表单对象、JavaScript窗口对象、文档对象模型、JavaScript事件处理、jQuery框架快速入门、jQuery页面控制、jQuery事件处理、设计网页动画特效、jQuery功能函数以及jQuery插件，最后通过开发购物商城网站，进一步巩固读者的项目开发经验。

本书内容丰富，条理清晰，实用性较强，同时通过精选热点案例，可以让初学者快速掌握网站前端开发技术。通过微信扫码观看视频，读者可以随时在移动端学习开发技能。

本书封面贴有清华大学出版社防伪标签，无标签者不得销售。
版权所有，侵权必究。举报：010-62782989，beiqinquan@tup.tsinghua.edu.cn。

图书在版编目(CIP)数据

JavaScript+jQuery 程序开发实用教程：微课版/潘禄生，吴军强，张照渊主编. —北京：清华大学出版社，2022.7（2024.1重印）
大学软件学院软件开发系列教材
ISBN 978-7-302-61281-0

Ⅰ. ①J… Ⅱ. ①潘… ②吴… ③张… Ⅲ. ① JAVA语言—程序设计—高等学校—教材 Ⅳ. ①TP312.8

中国版本图书馆 CIP 数据核字(2022)第 122445 号

责任编辑：张彦青
装帧设计：李　坤
责任校对：李玉萍
责任印制：杨　艳

出版发行：清华大学出版社
　　　　网　　址：https://www.tup.com.cn，https://www.wqxuetang.com
　　　　地　　址：北京清华大学学研大厦 A 座　　邮　　编：100084
　　　　社 总 机：010-83470000　　邮　　购：010-62786544
　　　　投稿与读者服务：010-62776969，c-service@tup.tsinghua.edu.cn
　　　　质量反馈：010-62772015，zhiliang@tup.tsinghua.edu.cn

印 装 者：北京嘉实印刷有限公司
经　　销：全国新华书店
开　　本：185mm×260mm　　印　张：18.25　　字　数：441千字
版　　次：2022年8月第1版　　印　次：2024年1月第2次印刷
定　　价：65.00元

产品编号：093857-01

前　　言

随着用户对页面体验要求的提高，JavaScript 再度受到广大技术人员的重视。另外，jQuery 是一个非常优秀的 JavaScript 框架。对初学者来说，实用性强和易于操作是目前最大的需求。通过本书的案例实训，大学生可以很快地上手这一流行的工具，提高职业化能力。

本书特色

- 零基础、入门级的讲解

无论您是否从事计算机相关工作，无论您是否接触过网站前端开发，都能从本书中找到最佳起点。

- 实用、专业的范例和项目

本书紧密结合网站前端开发的实例，从 JavaScript 的基本概念开始，逐步带领读者学习网站前端开发的各种应用技巧。本书侧重实战技能，使用简单易懂的实际案例进行分析和操作指导，让读者学起来简单轻松，操作起来有章可循。

- 随时随地学习

本书提供了微课视频，通过手机扫码即可观看，可随时随地解决学习中的困惑。

本书微课视频涵盖书中所有知识点，详细介绍了每个实例与项目的开发过程及技术关键点，可以让读者轻松地掌握网站前端开发知识，扩展的讲解使读者能够得到更多的收获。

- 超多容量王牌资源

八大王牌资源为读者的学习保驾护航，包括精美教学幻灯片、案例源代码、同步微课视频、教学大纲、精选上机练习和答案、160 套 jQuery 精彩案例、名企招聘考试题库、毕业求职面试资源库。

读者对象

这是一本完整介绍网站前端开发技术的教程，内容丰富，条理清晰，实用性强，适合以下读者学习使用：

- 零基础的网站前端开发自学者；
- 希望快速、全面掌握网站前端开发的人员；
- 高等院校或培训机构的老师和学生；
- 参加毕业设计的学生。

配套资料和帮助

为帮助读者高效、快捷地学习本书知识点,我们不但准备了与本书知识点有关的配套素材文件,而且还设计制作了精品视频教学课程,同时还为教师准备了PPT课件资源。购买本书的读者,可以通过扫描下方的二维码获取相关的配套学习资源。读者在学习本书的过程中,使用QQ或者微信扫一扫功能,扫描本书各标题右侧的二维码,可以在线观看视频课程,也可以下载并保存到手机里离线观看。

附赠资源

创作团队

本书由潘禄生、吴军强、张照渊主编,其中,甘肃畜牧工程职业技术学院的潘禄生老师负责编写了第1~7章,共计195千字;甘肃省教育考试院的吴军强老师负责编写了第8~12章,共计141千字;甘肃省教育考试院的张照渊老师负责编写了第13~15章,共计91.5千字。

在编写本书的过程中,笔者虽竭尽所能将网站前端开发所涉及的知识点以浅显易懂的方式呈现给读者,但难免有疏漏和不妥之处,敬请读者不吝指正。

编 者

目 录

第1章 认识 JavaScript 1
1.1 JavaScript 概述 2
1.1.1 JavaScript 的起源 2
1.1.2 JavaScript 能做什么 2
1.2 前端开发利器——WebStorm 4
1.3 JavaScript 在 HTML 中的使用 5
1.3.1 嵌入 JavaScript 代码 5
1.3.2 调用外部 JavaScript 文件 7
1.3.3 作为标签属性值 8
1.4 JavaScript 语法 10
1.4.1 代码执行顺序 10
1.4.2 区分大小写 10
1.4.3 分号与空格 10
1.4.4 代码折行标准 11
1.4.5 注释语句 11
1.5 就业面试问题解答 11
1.6 上机练练手 12

第2章 JavaScript 语言基础 13
2.1 常量和变量 14
2.2 基本数据类型 16
2.3 运算符 18
2.4 条件判断语句 22
2.4.1 简单 if 语句 22
2.4.2 if...else 语句 23
2.4.3 if...else if 语句 24
2.4.4 switch 语句 25
2.5 循环语句 27
2.5.1 while 语句 27
2.5.2 do...while 语句 29
2.5.3 for 语句 30
2.6 跳转语句 31
2.6.1 break 语句 31
2.6.2 continue 语句 33

2.7 函数的应用 34
2.7.1 定义函数 34
2.7.2 函数的调用 36
2.7.3 函数的参数与返回值 37
2.8 就业面试问题解答 38
2.9 上机练练手 39

第3章 对象的应用 41
3.1 了解对象 42
3.1.1 什么是对象 42
3.1.2 对象的属性和方法 43
3.1.3 JavaScript 对象分类 43
3.2 创建自定义对象 44
3.2.1 直接创建对象 45
3.2.2 使用 Object 对象创建对象 45
3.2.3 使用构造函数创建对象 47
3.3 对象访问语句 52
3.3.1 for...in 循环语句 52
3.3.2 with 语句 53
3.4 常用内置对象 54
3.4.1 Math(算术)对象 54
3.4.2 Date(日期)对象 56
3.5 就业面试问题解答 59
3.6 上机练练手 59

第4章 数组对象 61
4.1 数组介绍 62
4.2 定义数组 62
4.3 数组属性 64
4.3.1 prototype 属性 64
4.3.2 length 属性 65
4.4 数组元素操作 66
4.4.1 数组元素的输入 66
4.4.2 数组元素的输出 67
4.4.3 数组元素的添加 68

	4.4.4 数组元素的删除	69
4.5	数组的方法	69
	4.5.1 连接两个或更多的数组	70
	4.5.2 将指定数值添加到数组	71
	4.5.3 添加数组首元素	72
	4.5.4 移除数组中的最后一个元素	73
	4.5.5 删除数组中的第一个元素	74
	4.5.6 删除数组中的指定元素	74
	4.5.7 反序排列数组元素	75
	4.5.8 对数组元素进行排序	76
	4.5.9 获取数组的部分数据	77
	4.5.10 将数组元素连接为字符串	78
4.6	就业面试问题解答	79
4.7	上机练练手	80

第 5 章 JavaScript 表单对象 81

5.1	认识表单对象	82
	5.1.1 表单对象的属性	82
	5.1.2 访问表单的方式	83
	5.1.3 访问表单元素	83
5.2	表单元素的应用	84
	5.2.1 设置文本框	84
	5.2.2 设置按钮	86
	5.2.3 设置单选按钮	88
	5.2.4 设置复选框	91
	5.2.5 设置下拉菜单	92
5.3	就业面试问题解答	95
5.4	上机练练手	95

第 6 章 JavaScript 窗口对象 97

6.1	window 对象	98
	6.1.1 window 对象的属性	98
	6.1.2 window 对象的方法	99
6.2	打开与关闭窗口	99
6.3	控制窗口	102
	6.3.1 移动窗口和改变窗口大小	102
	6.3.2 获取窗口历史记录	103
	6.3.3 窗口定时器	104
6.4	对话框	105

	6.4.1 警告对话框	105
	6.4.2 确认对话框	107
	6.4.3 提示对话框	108
6.5	就业面试问题解答	110
6.6	上机练练手	110

第 7 章 文档对象模型 113

7.1	认识 DOM	114
	7.1.1 DOM 简介	114
	7.1.2 基本的 DOM 方法	114
	7.1.3 网页的 DOM 模型框架	117
7.2	DOM 模型的节点	118
	7.2.1 元素节点	118
	7.2.2 文本节点	119
	7.2.3 属性节点	120
7.3	操作 DOM 中的节点	121
	7.3.1 访问节点	121
	7.3.2 创建节点	122
	7.3.3 插入节点	123
	7.3.4 删除节点	124
	7.3.5 复制节点	125
	7.3.6 替换节点	125
7.4	DOM 与 CSS	126
	7.4.1 改变 CSS 样式	126
	7.4.2 使用 className 属性	127
7.5	就业面试问题解答	128
7.6	上机练练手	129

第 8 章 JavaScript 事件处理 131

8.1	认识事件与事件处理	132
	8.1.1 什么是事件	132
	8.1.2 JavaScript 的常用事件	132
8.2	事件的调用方式	133
	8.2.1 在 JavaScript 中调用	133
	8.2.2 在 HTML 元素中调用	134
8.3	鼠标相关事件	135
	8.3.1 鼠标单击事件	135
	8.3.2 鼠标按下与松开事件	136
	8.3.3 鼠标移入与移出事件	137

| 8.3.4   鼠标移动事件 138
| 8.4   键盘相关事件 138
| 8.4.1   onkeydown 事件 139
| 8.4.2   onkeypress 事件 139
| 8.4.3   onkeyup 事件 140
| 8.5   表单相关事件 141
| 8.5.1   获得焦点与失去焦点事件 141
| 8.5.2   失去焦点修改事件 142
| 8.5.3   表单提交与重置事件 143
| 8.6   就业面试问题解答 146
| 8.7   上机练练手 146

第 9 章 jQuery 框架快速入门 149

| 9.1   认识 jQuery 150
| 9.1.1   jQuery 能做什么 150
| 9.1.2   jQuery 的特点 150
| 9.2   下载和安装 jQuery 151
| 9.2.1   下载 jQuery 151
| 9.2.2   安装 jQuery 152
| 9.3   jQuery 选择器 152
| 9.3.1   基本选择器 152
| 9.3.2   层级选择器 155
| 9.3.3   过滤选择器 157
| 9.3.4   属性选择器 167
| 9.4   就业面试问题解答 170
| 9.5   上机练练手 170

第 10 章 jQuery 页面控制 173

| 10.1 页面内容操作 174
| 10.1.1 文本内容操作 174
| 10.1.2 HTML 内容操作 175
| 10.2 标记属性操作 177
| 10.2.1 获取属性的值 177
| 10.2.2 设置属性的值 178
| 10.2.3 删除属性的值 179
| 10.3 表单元素操作 179
| 10.3.1 获取表单元素的值 179
| 10.3.2 设置表单元素的值 180
| 10.4 元素的 CSS 样式操作 181

| 10.4.1 添加 CSS 类 181
| 10.4.2 删除 CSS 类 182
| 10.4.3 动态操控 CSS 类 183
| 10.4.4 获取和设置 CSS 样式 184
| 10.5 获取与编辑 DOM 节点 186
| 10.5.1 插入节点 186
| 10.5.2 删除节点 188
| 10.5.3 复制节点 189
| 10.5.4 替换节点 190
| 10.6 就业面试问题解答 191
| 10.7 上机练练手 191

第 11 章 jQuery 事件处理 193

| 11.1 jQuery 事件机制 194
| 11.1.1 什么是 jQuery 事件机制 194
| 11.1.2 切换事件 194
| 11.1.3 事件冒泡 195
| 11.2 页面加载事件 196
| 11.3 jQuery 事件函数 197
| 11.3.1 键盘操作事件 197
| 11.3.2 鼠标操作事件 198
| 11.3.3 其他常用事件 200
| 11.4 事件的基本操作 201
| 11.4.1 绑定事件 201
| 11.4.2 触发事件 203
| 11.4.3 移除事件 203
| 11.5 就业面试问题解答 205
| 11.6 上机练练手 205

第 12 章 设计网页动画特效 207

| 12.1 jQuery 基本动画效果 208
| 12.1.1 隐藏元素 208
| 12.1.2 显示元素 210
| 12.1.3 状态切换 211
| 12.2 淡入淡出动画效果 212
| 12.2.1 淡入隐藏元素 212
| 12.2.2 淡出可见元素 214
| 12.2.3 切换淡入淡出元素 215
| 12.2.4 淡入淡出元素至指定数值 216

12.3 滑动动画效果.................................217
　　12.3.1 滑动显示匹配的元素...........217
　　12.3.2 滑动隐藏匹配的元素...........218
　　12.3.3 动态切换元素的可见性.......220
12.4 自定义动画效果.................................221
　　12.4.1 创建自定义动画...................221
　　12.4.2 停止动画...............................222
12.5 就业面试问题解答.............................223
12.6 上机练练手...224

第 13 章 jQuery 功能函数.................225

13.1 功能函数概述.....................................226
13.2 常用的功能函数.................................226
　　13.2.1 操作数组和对象...................226
　　13.2.2 操作字符串...........................230
　　13.2.3 序列化操作...........................232
13.3 就业面试问题解答.............................233
13.4 上机练练手...233

第 14 章 jQuery 插件应用与开发.......235

14.1 理解插件...236
　　14.1.1 什么是插件...........................236
　　14.1.2 从哪里获取插件...................236
　　14.1.3 如何使用插件.......................236
14.2 流行的 jQuery 插件...........................237
　　14.2.1 jQueryUI 插件.......................237
　　14.2.2 Form 插件..............................241
　　14.2.3 提示信息插件.......................242
　　14.2.4 jcarousel 插件........................243

14.3 自定义插件...243
　　14.3.1 插件的工作原理...................243
　　14.3.2 自定义一个简单插件...........244
14.4 就业面试问题解答.............................247
14.5 上机练练手...247

第 15 章 开发购物商城网站.................249

15.1 购物商城系统设计.............................250
　　15.1.1 系统目标...............................250
　　15.1.2 系统功能结构.......................250
　　15.1.3 文件夹组织结构...................250
15.2 网页预览...251
　　15.2.1 网站首页效果.......................251
　　15.2.2 关于我们效果.......................253
　　15.2.3 商品展示效果.......................254
　　15.2.4 商品详情效果.......................255
　　15.2.5 购物车效果...........................255
　　15.2.6 品牌故事效果.......................256
　　15.2.7 用户登录效果.......................256
　　15.2.8 用户注册效果.......................257
15.3 项目实现...257
　　15.3.1 首页页面...............................257
　　15.3.2 动态效果...............................271
　　15.3.3 购物车...................................272
　　15.3.4 登录页面...............................274
　　15.3.5 商品展示页面.......................274
　　15.3.6 联系我们页面.......................280
15.4 项目总结...282

第1章

认识 JavaScript

　　JavaScript 是一种脚本编程语言，广泛用于开发支持用户交互和响应相应事件的动态网页。它还是一种通用的、跨平台的、基于对象和事件驱动并具有安全性的脚本语言。JavaScript 属于解释执行类语言，不需要进行编译，可以直接嵌入 HTML 页面中使用。

1.1 JavaScript 概述

使用 JavaScript 技术开发的网站，广泛应用于服务器、PC、笔记本电脑、平板电脑和智能手机等设备。它是一种由 Netscape 的 LiveScript 发展而来的客户端脚本语言，旨在为客户提供更流畅的网页浏览效果。

1.1.1 JavaScript 的起源

最初，JavaScript 是由 Netscape(网景)公司的 Brendan Eich 为即将在 1995 年发布的 Navigator 2.0 浏览器开发的脚本语言。Netscape 公司与 Sun 公司完成 LiveScript 语言开发后，在 Netscape Navigator 2.0 即将正式发布前，Netscape 将其更名为 JavaScript，这就是 JavaScript 的由来。最初的版本是 JavaScript 1.0。

虽然 JavaScript 1.0 版本还有一些缺陷，但当时拥有 JavaScript 1.0 版本的 Navigator 2.0 浏览器几乎主宰了浏览器市场。Netscape 公司在 Navigator 3.0 中发布了 JavaScript 1.1 版本。恰巧这个时候，微软决定进军浏览器，发布了 Internet Explorer(IE)3.0 并搭载了一个 JavaScript 的克隆版，叫作 JScript，这成为 JavaScript 语言发展的重要一步。

微软进入后，有三种不同的 JavaScript 版本：Navigator 3.0 中的 JavaScript、IE 中的 JScript 以及 CEnvi 中的 ScriptEase。与其他编程语言不同的是，JavaScript 并没有一个标准来统一其语法或特性，而这三种不同的版本恰恰突出了这个问题，于是这个语言的标准化就显得势在必行了。

1997 年，JavaScript 1.1 作为一个草案提交给欧洲计算机制造商协会(ECMA)。来自 Netscape、Sun、微软、Borland 和其他一些对脚本编程感兴趣的公司的程序员组成的技术委员会锤炼出 ECMA-262 标准，该标准定义了名为 ECMAScript 的全新脚本语言。

在接下来的几年里，国际标准化组织及国际电工委员会(ISO/IEC)也采纳 ECMAScript 作为标准(ISO/IEC 16262)。从此，这个标准便成为各种浏览器生产开发所使用脚本程序的统一标准。

1.1.2 JavaScript 能做什么

JavaScript 是一种解释性的、基于对象的脚本语言(Object-based scripting language)，主要在客户端运行。几乎所有浏览器都支持 JavaScript，如 IE、Firefox、Netscape、Mozilla、Opera 等。

使用 JavaScript 脚本实现的动态页面在 Web 上随处可见。下面介绍几种常见的 JavaScript 应用。

1. 改善导航功能

JavaScript 常见的应用就是网站导航系统，可以使用 JavaScript 创建导航工具条。如用于选择下一个页面的下拉菜单，或者，当鼠标移动到某导航链接上时自动弹出子菜单。图 1-1 所示为淘宝网页面的导航菜单，当鼠标放置在"男装/运动户外"上时，右侧会弹出相应的子菜单。

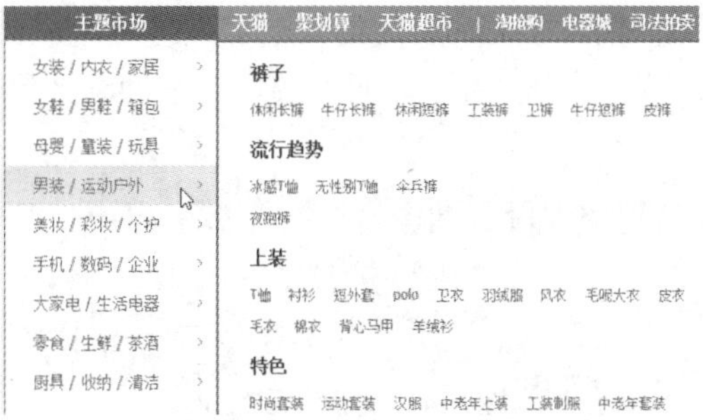

图 1-1　导航菜单

2．验证表单

　　验证表单是 JavaScript 比较常用的功能。使用简单脚本读取用户在表单中输入的信息，并确保输入格式的正确性。要保证输入的表单信息正确，就要提醒用户一些注意事项，当用户输入信息后，还需要提示信息是否正确，而不必等待服务器的响应。图 1-2 所示为一个网站的注册页面。

图 1-2　注册页面

3．特殊效果

　　JavaScript 最早的应用就是为网页创建引人注目的特殊效果，如在浏览器状态栏显示滚动信息，或者让网页背景颜色闪烁。图 1-3 所示为一个背景颜色选择器，只要单击颜色块中的颜色，就会显示一个对话框，在其中显示颜色值，网页的背景色也会发生变化。

图 1-3　选择背景颜色

4. 动画效果

在浏览网页时，经常会看到一些动画效果，使页面更加生动。使用 JavaScript 脚本语言也可以实现动画效果，图1-4所示为在页面中实现文字动画效果。

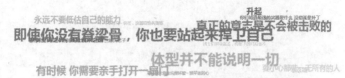

图1-4　文字动画效果

5. 窗口应用

网页中经常会出现一些浮动的广告窗口，这些窗口可以通过 JavaScript 脚本语言来实现。图1-5所示是一个企业的宣传网页，可以看到一个浮动广告窗口，用于显示广告信息。

图1-5　浮动广告窗口

6. 应用 Ajax 技术

应用 Ajax 技术可以实现搜索自动提示功能。例如，在百度首页的搜索文本框中输入要搜索的关键字时，下方会自动给出相关提示。如果给出的提示有符合要求的内容，就可以直接进行选择，提高了用户的使用效率。在搜索文本框中输入"长寿花"后，下面将显示相应的提示信息，如图1-6所示。

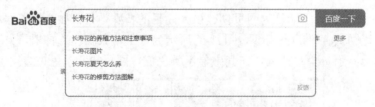

图1-6　百度搜索提示信息

1.2　前端开发利器——WebStorm

WebStorm 是一款前端页面开发工具。该工具的主要优势是有智能提示、智能补齐代码、代码格式化显示、联想查询和代码调试等功能。对初学者而言，WebStorm 不仅功能强大，而且非常容易上手，被广大前端开发者誉为 Web 前端开发神器。

打开浏览器，输入网址 https://www.jetbrains.com/webstorm/download/，进入 WebStorm 官网下载页面，单击 Download 按钮即可下载 WebStorm，如图 1-7 所示。

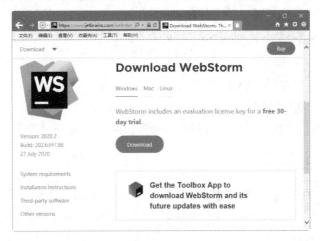

图 1-7　WebStorm 官网下载页面

下载完成后，即可进行安装，具体安装过程比较简单，这里就不再讲述了。

1.3　JavaScript 在 HTML 中的使用

在 Web 页面中使用 JavaScript，通常情况下有三种方法：一种是在页面中直接嵌入 JavaScript 代码，另一种是链接外部 JavaScript 文件，还有一种是将其作为特定标签的属性值使用。

1.3.1　嵌入 JavaScript 代码

在 HTML 文档中可以使用<script>…</script>标签嵌入 JavaScript 脚本。一个 HTML 文档中可以使用多个<script>标签，每个<script>标签中可以包含一行或多行 JavaScript 代码。

1. <script>标签的常用属性

1) language 属性
language 属性用于设置所使用的脚本语言及版本，language 属性的使用格式如下：

```
<script language="JavaScript 1.5">
```

　　如果不定义 language 属性，浏览器默认脚本语言为 JavaScript 1.0 版本。

2) src 属性
src 属性用来指定外部脚本文件的路径。外部脚本文件通常使用 JavaScript 脚本，其扩展名为.js。src 属性的使用格式如下：

```
<script src="index.js">
```

3) type 属性

type 属性用来指定 HTML 文档中使用的脚本语言及其版本。现在推荐使用 type 属性来代替 language 属性。type 属性的使用格式如下：

```
<script type="text/javascript">
```

4) defer 属性

添加此属性后，只有当 HTML 文档加载完毕，才会执行脚本语言，这样网页加载会更快。defer 属性的使用格式如下：

```
<script defer>
```

2. JavaScript 脚本的位置

根据嵌入位置的不同，可以把 JavaScript 嵌入 HTML 的不同标签里，如<head>与</head>标签、<body>与</body>标签，也可以在网页的元素事件中嵌入。

1) <head>与</head>标签

JavaScript 脚本一般放在 HTML 网页头部的<head>与</head>标签内，使用格式如下：

```
<!DOCTYPE html>
<html>
<head>
<title>在 HTML 网页头部嵌入 JavaScript 代码<title>
<script language="JavaScript">
</script>
</head>
<body>
...
</body>
</html>
```

在<script>与</script>标签中添加 JavaScript 脚本，就可以直接在 HTML 文件中调用 JavaScript 代码，以实现相应的效果。

2) <body>与</body>标签

<script>标签不但可以放在 Web 页面的<head>与</head>标签中，也可以放在<body>与</body>标签中，使用格式如下。

```
<html>
<head>
<title>在 HTML 网页中嵌入 JavaScript 代码<title>
</head>
<body>
<script language="JavaScript " >
<!--
...
JavaScript 脚本内容
...
//-->
</script>
</body>
</html>
```

JavaScript 代码可以在同一个 HTML 网页的<head>…</head>与<body>…</body>标签内同时嵌入，并且在同一个网页中可以多次嵌入 JavaScript 代码。

实例 1 在页面中输出由"*"组成的三角形(案例文件：ch01\1.1.html)

```
<!DOCTYPE html>
<html>
<head>
    <style type="text/css">
        body {
            background-color: #CCFFFF;
        }
    </style>
    <script type="text/javascript">
        document.write("   *"+"<br />");
        document.write("  * *"+"<br />");
    </script>
</head>
<body>
<script type="text/javascript">
    document.write(" * * *"+"<br />");
    document.write("* * * *"+"<br />");
</script>
</body>
</html>
```

运行程序，结果如图 1-8 所示。

图 1-8　输出由"*"组成的三角形

至于在元素事件中如何使用 JavaScript 代码，本书在后续章节中会做介绍。

1.3.2　调用外部 JavaScript 文件

如果 JavaScript 的内容较长，或者多个 HTML 网页中都需要调用相同的 JavaScript 程序，那么可以将较长的 JavaScript 或者通用的 JavaScript 写成独立的 .js 文件，直接在HTML 网页中调用。在 Web 页面中链接外部 JavaScript 文件的语法格式如下：

```
<script type="text/javascript" src="javascript.js"></script>
```

　　如果外部 JavaScript 文件保存在本机中，那么 src 属性可以是绝对路径或者相对路径；如果外部 JavaScript 文件保存在其他服务器中，则 src 属性需要指定绝对路径。

实例2 在对话框中输出"Hello JavaScript"(案例文件:ch01\1.2.html 和 1.js)

1.2.html 文件的代码如下:

```
<!DOCTYPE html>
<html lang="en">
<head></head>
<body>
<script type="text/javascript" src="1.js"></script>
</body>
</html>
```

1.js 文件的代码如下:

```
alert("Hello JavaScript");
```

浏览文件 1.2.html,结果如图 1-9 所示。

图 1-9 调用外部 JavaScript 文件

应注意的问题如下:
- 在外部 JavaScript 文件中,不能将代码用<script>…</script>标签括起来。
- 在使用 src 属性引用外部 JavaScript 文件时,<script>…</script>标签中不能包含其他 JavaScript 代码。
- 在<script>标签中使用 src 属性引用外部 JavaScript 文件时,</script>结束标签不能省略。

1.3.3 作为标签属性值

在 JavaScript 脚本程序中,有些 JavaScript 代码可能需要立即执行,而有些 JavaScript 代码可能需要单击某个超链接或触发一些事件之后才会执行,这时需要将 JavaScript 作为标签的属性值来使用。

1. 与事件结合使用

JavaScript 可以支持很多事件,而事件可以影响用户的操作。比如,单击鼠标左键、按下键盘按键或移动鼠标等。可以结合事件,调用执行 JavaScript 的方法或函数。

实例3 判断网页中的文本框是否为空(案例文件:ch01\1.3.html)

判断网页中的文本框是否为空,如果为空则弹出提示信息。

```
<!DOCTYPE html>
<html>
```

```
<head>
    <script type="text/javascript">
        function validate()
        {
            var _txtNameObj = document.all.txtName;
            var _txtNameValue = _txtNameObj.value;
            if((_txtNameValue == null) || (_txtNameValue.length < 1))
            {
                window.alert("文本框内容为空，请输入内容");
                _txtNameObj.focus();
                return;
            }
        }
    </script>
</head>
<body>
<form method=post action="#">
    <input type="text" name="txtName">
    <input type="button" value="确定" onclick="validate()">
</form>
</body>
</html>
```

运行程序，结果如图 1-10 所示。当文本框为空时，单击"确定"按钮，会弹出一个信息提示框，如图 1-11 所示。

图 1-10 程序运行结果

图 1-11 信息提示框

自定义函数 validate()的作用是，当文本框失去焦点时，就会对文本框的值进行长度检验，如果值为空，即弹出"文本框内容为空，请输入内容"的提示信息。

2. 通过 "JavaScript:" 调用

在 HTML 中，可以通过 "JavaScript:" 的方式来调用 JavaScript 函数或方法，这种方式也称为 JavaScript 伪 URL 地址方式。

实例 4 通过 "JavaScript:" 方式调用 JavaScript 方法(案例文件：ch01\1.4.html)

```
<!DOCTYPE html>
<html>
<head></head>
<body>
    <form name="Form1">
        <input type=text name="Text1" value="点击"
            onclick="JavaScript:alert('已经用鼠标点击文本框!')">
    </form>
```

```
</body>
</html>
```

运行程序,结果如图 1-12 所示。单击文本框后,会弹出一个信息提示框,如图 1-13 所示。

图 1-12　程序运行结果

图 1-13　信息提示框

　　　　alert()方法并不是在浏览器解析到"JavaScript:"时立即执行,而是在单击文本框后才被执行。

1.4　JavaScript 语法

与 C、Java 及其他语言一样,JavaScript 也有自己的语法。下面简单介绍 JavaScript 的一些基本语法。

1.4.1　代码执行顺序

JavaScript 程序按照各语句在 HTML 文件中出现的顺序逐行执行。如果需要在整个 HTML 文件中执行,最好将其放在<head>…</head>标签中。某些代码,如函数体内的代码,不会被立即执行,只有当所在的函数被其他程序调用时,该代码才被执行。

1.4.2　区分大小写

JavaScript 对字母大小写敏感,也就是说,输入语言的关键字、函数、变量以及其他标识符,一定要严格区分字母的大小写。例如,username 与 userName 是两个不同的变量。

　　　　HTML 不区分大小写。由于 JavaScript 与 HTML 紧密相关,这一点很容易混淆。许多 JavaScript 对象和属性都与其代表的 HTML 标签或属性同名,在 HTML 中,这些名称可以任意的大小写方式输入而不会引起混乱,但在 JavaScript 中,这些名称通常都是小写的。例如,在 HTML 中的事件处理器属性 ONCLICK 通常被声明为 onClick 或 Onclick,而在 JavaScript 中只能使用 onclick。

1.4.3　分号与空格

在 JavaScript 语句中,分号是可有可无的,这一点与 C/C++、Java 语言不同,JavaScript 并不要求每行必须以分号作为语句的结束标识。如果语句的结束处没有分号,JavaScript 会自动在代码的结尾处结束。

下面两行代码都是正确的。

```
alert("hello,JavaScript")
alert("hello,JavaScript");
```

 作为程序开发人员，应养成良好的编程习惯，每条语句以分号作为结束标识可以增强程序的可读性，也可避免一些非主流浏览器不兼容的问题。

另外，JavaScript 会忽略多余的空格，用户可以向脚本中添加任意数量的空格，以提高其可读性。下面两行代码是等效的。

```
var name="Hello";
var name = "Hello";
```

1.4.4 代码折行标准

当代码比较长时，用户可以在文本字符串中使用反斜杠来对代码进行换行。下面的例子会正确地显示。

```
document.write("Hello \
World!");
```

不过，用户不能像这样折行：

```
document.write \
("Hello World!");
```

1.4.5 注释语句

与 C、C++、Java、PHP 相同，JavaScript 的注释也分为两种，一种是单行注释，例如：

```
// 输出标题
document.getElementById("myH1").innerHTML="欢迎来到我的主页";
// 输出段落
document.getElementById("myP").innerHTML="这是我的第一个段落。";
```

另一种是多行注释，例如：

```
/*
下面这些代码会输出
一个标题和一个段落
并代表主页的开始
*/
document.getElementById("myH1").innerHTML="欢迎来到我的主页";
document.getElementById("myP").innerHTML="这是我的第一个段落。";
```

1.5 就业面试问题解答

面试问题 1：JavaScript 是 Java 语言的变种吗？

JavaScript 不是 Java 语言的变种。JavaScript 与 Java 名称上近似，是当时开发公司出于营销考虑与 Sun 公司达成协议的结果。从本质上讲，JavaScript 更像是一种函数式脚本编程语言，而非面向对象的语言，JavaScript 的对象模型极为灵活、开放和强大。

面试问题 2：可以加载其他 Web 服务器上的 JavaScript 文件吗？

如果外部 JavaScript 文件保存在其他服务器上，<script>标签的 src 属性需要指定绝对路径。例如，加载域名为 www.website.com 的 Web 服务器上的 jscript.js 文件，代码如下：

```
<script type="text/javascript"
src="http://www.website.com/jscript.js"></script>
```

1.6 上机练练手

上机练习 1：使用 document.write()语句输出一首古诗

使用 document.write()语句输出一首古诗《相思》，运行结果如图 1-14 所示。

上机练习 2：使用 alter()语句输出当前日期和时间

使用 alter()语句输出系统的当前日期和时间，运行结果如图 1-15 所示。

图 1-14　输出古诗

图 1-15　输出当前日期和时间

第 2 章

JavaScript 语言基础

无论是传统编程语言,还是脚本语言,都有自己的语法规范,JavaScript 脚本语言也不例外。要想精通 JavaScript 程序开发,基础语法知识必须深入掌握。本章就来介绍 JavaScript 的语法知识,包括数据类型、JavaScript 的常量与变量等。通过学习本章内容,可以让读者在掌握基础知识的前提下体验 JavaScript 程序开发的乐趣。

2.1 常量和变量

在 JavaScript 中，常量与变量是数据结构的重要组成部分。常量是指在程序运行过程中保持不变的数据。例如，123 是数值型常量，"Hello JavaScript！"是字符串常量，true 或 false 是布尔型常量。在 JavaScript 脚本中，这些数值是可以直接输入使用的。

变量是相对于常量而言的。在 JavaScript 中，变量是指程序中一个已经命名的存储单元，它的主要作用是为数据操作提供存放信息的容器。变量存储的数值是可以变化的，变量占据一段内存，通过变量的名字可以调用内存中的信息。

变量有两个基本特性：变量名和变量值。为了便于理解，可以把变量看作一个贴有标签的抽屉，标签的名字就是这个变量的名字，而抽屉里面的东西就相当于变量的值。

在 JavaScript 中，变量的命名规则如下：

- 必须以字母或下划线开头，其他字符可以是数字、字母或下划线。例如，txtName 与_txtName 都是合法的变量名，而 1txtName 和&txtName 都是非法的变量名。
- 变量名只能由字母、数字、下划线组成，不能包含空格、加号、减号等符号，不能用汉字做变量名。例如，txt%Name、名称文本、txt-Name 都是非法变量名。
- JavaScript 的变量名是区分大小写的。例如，Name 与 name 代表两个不同的变量。
- 不能使用 JavaScript 的关键字作为变量名，例如，var、enum、const 都是非法变量名。JavaScript 的关键字如表 2-1 所示。

表 2-1 JavaScript 的关键字

abstract	arguments	boolean	break	byte	case
catch	char	class	const	continue	debugger
default	delete	do	double	else	enum
eval	export	extends	false	final	finally
float	for	function	goto	if	implements
import	in	instanceof	int	interface	let
long	native	new	null	package	private
protected	public	return	short	static	super
switch	synchronized	this	throw	throws	transient
true	try	typeof	var	void	volatile
while	with	yield			

 JavaScript 的关键字是指在 JavaScript 语言中有特定含义，并成为 JavaScript 语法中的一部分的那些字。JavaScript 的关键字不可以用作变量、标签或者函数名。

尽管 JavaScript 是一种弱类型的脚本语言，变量可以在不声明的情况下直接使用，但在实际使用过程中，最好先使用 var 关键字对变量进行声明。语法格式如下：

```
var variablename
```

variablename 为变量名。例如,声明一个变量 car,代码如下:

```
var car
```

可以使用一个关键字 var 同时声明 x 和 y 两个变量,代码如下:

```
var x,y;
```

声明 JavaScript 变量时,不指定变量的数据类型。一个变量一旦声明,可以存放任何数据类型的信息,JavaScript 会根据存放的信息类型,自动为变量分配合适的数据类型。

在声明变量的同时可以对变量赋值,这一过程也称为变量初始化,例如:

```
var username="杜牧";        //声明变量并进行初始化赋值
var x=5,y=12;              //声明多个变量并进行初始化赋值
```

这里声明了 3 个变量 username、x 和 y,并分别对它们进行了赋值。

另外,还可以在声明变量之后再对变量进行赋值,例如:

```
var username;              //声明变量
username="杜牧";           //对变量进行赋值
```

在 JavaScript 中,可以不先声明变量而直接对其赋值。例如,给一个未声明的变量赋值,然后输出这个变量的值,代码如下:

```
username="杜牧";           //未声明变量就对变量进行赋值
```

虽然 JavaScript 允许给一个未声明的变量直接赋值,但还是建议在使用变量之前先对其进行声明。因为 JavaScript 采用动态编译方式,而这种方式不易发现代码中的错误,特别是变量命名方面的错误。

在使用变量时最容易忽视的就是字母大小写。例如下面的代码:

```
var name="杜牧";
document.write(Name);
```

在运行这段代码时,就会出现错误,因为定义了一个变量 name,而在输出语句中书写的是"Name",这就是忽视了字母的大小写而产生了错误。

在 JavaScript 中,如果只声明了变量而未对其赋值,则其值默认为 undefined。如果出现重复声明的变量,且该变量已有一个初始值,那么后来声明的变量相当于给变量重新赋值。

实例1 给变量赋值(案例文件:ch02\2.1.html)

```
<!DOCTYPE html>
<html>
<head></head>
<body>
<script type="text/javascript">
```

```
    var a;                               //声明变量 a，未赋值
    var b="春风先发苑中梅";                //声明变量 b 并对其进行赋值
    var b="樱杏桃梨次第开";                //重复声明变量 b 并对其进行赋值
    document.write(a);                    //输出变量 a 的值
    document.write("<br />");             //输出换行标签
    document.write(b);                    //输出变量 b 的值
</script>
</body>
</html>
```

运行程序，结果如图 2-1 所示。

图 2-1 变量赋值的应用

2.2 基本数据类型

基本数据类型包括数值型(Number)、字符串型(String)、布尔型(Boolean)、空类型(Null)与未定义类型(Undefined)。

1. 数值型

数值型(Number)是 JavaScript 最基本的数据类型。JavaScript 不是类型语言，与许多其他编程语言的不同之处在于，它不区分整型数值和浮点型数值。在 JavaScript 中，所有的数值都用浮点型来表示。

JavaScript 采用 IEEE 754 标准定义的 64 位浮点格式表示数字，它能表示的数值范围为 ±1.7976931348623157e+308，其最小能表示的小数为±5e-324。在 JavaScript 中，数值有三种表示方式，分别为十进制、八进制和十六进制。

- 默认情况下，JavaScript 的数值为十进制显示。十进制整数是一个由 0~9 组成的数字序列。
- JavaScript 允许采用八进制格式来表示整型数据。八进制数据以数字 0 开头，其后是一个数字序列，这个序列中的数字只能是 0~7。例如：

```
07
0352
```

- 在设置背景色或其他颜色时，颜色值一般采用十六进制数值表示。JavaScript 不但能处理十进制数值，还能识别十六进制数值。在 JavaScript 代码中，常见的十六进制数值主要用来设置网页背景色、字体颜色等。

十六进制数值以"0X"或"0x"开头，其后紧跟十六进制数字序列。十六进制数值的数字序列可以是 0~9 中的某个数字，也可以是 a(A)~f(F)中的某个字母。例如：

```
0xff
0XFF
0xCAFE
```

浮点型数据的表示方法有两种：一种是传统记数法，一种是科学记数法。下面分别进行介绍。

1) 传统记数法

传统记数法将一个浮点数分为整数、小数点与小数三个部分。如果整数部分为 0，则可以将整数部分省略。例如：

```
3.1415
85.521
.231
```

2) 科学记数法

使用科学记数法表示浮点型数据的具体书写方式为：在实数后添加字母 e 或 E，然后再添加上一个带正号或负号的整数指数，其中正号可以省略。例如：

```
3e+5
3.14E11
1.231E-10
```

注意

在科学记数法中，e 或 E 后面的整数表示 10 的指数次幂。因此，这种表示方法所表示的数值为前面的实数乘以 10 的指数次幂。例如，3e+5 表示的数值为 3 乘以 10 的 5 次方，即 300000。

2. 字符串型

字符串由 0 个或者多个字符构成，字符可以包括字母、数字、标点符号、空格或其他字符，还可以包括汉字。在 JavaScript 中，字符串主要用来表示文本数据。程序中的字符串型数据必须包含在单引号或双引号中。

单引号引起来的字符串，代码如下：

```
'Hello JavaScript!'
```

双引号引起来的字符串，代码如下：

```
"Hello JavaScript!"
```

注意

空字符串不包含任何字符，也不包含空格，用一对引号表示，即""或''。另外，包含字符串的引号必须匹配，如果字符串前面用的是双引号，那么在字符串后面也必须用双引号，或者都使用单引号。

3. 布尔型

在 JavaScript 中，布尔型数据只有两个值：一个是 true(真)，一个是 false(假)，说明某个事物是真还是假。通常，我们使用 1 表示真，0 表示假。布尔值在 JavaScript 程序中通常用来表示比较所得的结果。例如：

```
n==10
```

这句代码的作用是判断变量 n 的值是否和数值 10 相等，如果相等，比较的结果就是布尔值 true，否则结果就是 false。

布尔值通常用于 JavaScript 的控制结构。例如，JavaScript 的 if…else 语句。当条件判断为 true 时执行一个动作，为 false 时执行另一个动作。具体代码如下：

```
if(n==1)
   a=a+1;
else
   b=b+1;
```

这段代码的作用是首先判断 n 是否等于 1，如果相等，则执行 a=a+1，否则执行 b=b+1。

4. 未定义类型

Undefined 是未定义类型的变量，表示变量还没有赋值，如"var a;"，或者赋予一个不存在的属性值，例如"var a=String.notProperty;"。

5. 空类型

JavaScript 的关键字 null 是一个特殊的值，表示空值，用于定义空的或不存在的引用。不过，null 不等同于空的字符串或 0。由此可见，null 与 undefined 的区别是，null 表示变量被赋予了一个空值，而 undefined 则表示该变量还未被赋值。

2.3 运 算 符

JavaScript 提供了丰富的运算符，使用这些运算符可以进行算术、赋值、比较、逻辑等运算。

1. 算术运算符

算术运算符用于各类数值之间的加、减、乘、除等运算。算术运算符是比较简单的运算符，在实际操作中经常用到。

自增运算符++与自减运算符--是算术运算符中的单目运算符。如果++或--运算符在变量后面，执行的顺序为"先赋值后运算"；如果++或--运算符在变量前面，执行的顺序则为"先运算后赋值"，如表 2-2 所示。

表 2-2 自增、自减运算符

运算符	示 例	说 明
++	i=1; j=i++;	j 的值为 1，i 的值为 2
	i=1; j=++i;	j 的值为 2，i 的值为 2
--	i=5; j=i--;	j 的值为 5，i 的值为 4
	i=5; j=--i;	j 的值为 4，i 的值为 4

2. 赋值运算符

赋值运算符是将一个值赋给另一个变量或表达式的算术符号，在 JavaScript 中，赋值运算可以分为简单赋值运算和复合赋值运算。最基本的赋值运算符为"="，主要用于将运算符右边的数值赋给左边的操作数。复合赋值运算混合了其他操作和赋值操作。例如：

```
a+=b
```

这个复合赋值运算等同于"a=a+b;"。

3. 字符串运算符

字符串运算符用于对字符串进行操作，一般用于连接字符串。在 JavaScript 中，可以使用"+"和"+="运算符对两个字符串进行连接运算。其中，字符串运算符"+="与赋值运算符类似，用于将两边的字符串(操作数)连接起来并将结果赋给左边的操作数。

在使用字符串运算符对字符串进行连接时，若字符串变量未进行初始化，在输出字符串时会出现错误。

字符串初始化的方法如下：

```
var str="";                //声明 str 字符串是空字符串
str+="Hello";              //连接 str 字符串
str+="JavaScript!";        //连接 str 字符串
document.write(str);       //输出 str 字符串
```

JavaScript 算术运算符中的"+"与字符串运算符中的"+"是一样的，JavaScript 脚本会根据操作数的数据类型来确定表达式中的"+"是算术运算符还是字符串运算符。在两个操作数中，只要有一个是字符串类型，那么"+"就是字符串运算符，而不是算术运算符。

4. 比较运算符

比较运算符在逻辑语句中使用，用于连接操作数以组成比较表达式，并对操作符两边的操作数进行比较，其结果为逻辑值 true 或 false。常见的比较运算符包括大于(>)、小于(<)、大于等于(>=)、小于等于(<=)、等于(==)、绝对等于(===)、不等于(!=)、非绝对等于(!==)。其中，绝对等于不仅要比较值是否相同，还要比较数据类型是否相同。

在各种运算符中，比较运算符"=="与赋值运算符"="的功能相似，运算符"="用于给操作数赋值，而运算符"=="则用于比较两个操作数的值是否相等。

如果在需要比较两个表达式的值是否相等时，错误地使用了赋值运算符"="，则会将右边操作数的值赋给左边的操作数。

5. 逻辑运算符

逻辑运算符用于判断变量或值之间的逻辑关系，操作数一般是逻辑型数据。在 JavaScript 中，有三种逻辑运算符：逻辑与(&&)、逻辑或(||)和逻辑非(!)。例如，对于 a&&b，当 a 和 b 同时为真时，结果为真，否则为假；对于 a||b，当 a 或 b 有一个为真时，结果为真，否则为假；对于!a，当 a 为假时，结果为真，否则为假。

在逻辑与运算中，如果运算符左边的操作数为 false，系统将不再执行运算符右边的操作数；在逻辑或运算中，如果运算符左边的操作数为 true，系统同样不会再执行右边的操作数。

6. 条件运算符

条件运算符是构造快速条件分支的三目运算符,可以看作"if...else..."语句的简写形式,语法格式如下:

`逻辑表达式?语句 1:语句 2;`

如果"?"前的逻辑表达式结果为 true,则执行"?"与":"之间的语句 1,否则执行语句 2。由于条件运算符构成的表达式带有一个返回值,因此可通过其他变量或表达式对其值进行引用。

7. 位运算符

位运算符以二进制方式对操作数进行操作。在进行位运算之前,通常先将操作数转换为二进制整数,再进行相应的运算,最后输出结果以十进制整数表示。此外,位运算的操作数和结果都是整型。

在 JavaScript 中,位运算符包含按位与(&)、按位或(|)、按位异或(^)、按位非(~)等。

- 按位与运算:将操作数转换成二进制数以后,如果两个操作数对应位的值均为 1,则结果为 1,否则结果为零。例如,对于表达式 41&23,41 转换成二进制数为 00101001,23 转换成二进制数为 00010111,按位与运算后结果为 00000001,转换成十进制数即为 1。
- 按位或运算:将操作数转换为二进制数后,如果两个操作数对应位的值中任何一个为 1,则结果为 1,否则结果为零。例如,对于表达式 41|23,按位或运算后结果为 00111111,转换成十进制数为 63。
- 按位异或运算:将操作数转换成二进制数后,如果两个操作数对应位的值互不相同,则结果为 1,否则结果为零。例如,对于表达式 41^23,按位异或运算后结果为 00111110,转换成十进制数为 62。
- 按位非运算:将操作数转换成二进制数后,对其每一位取反(即值为 0 取 1,值为 1 则取 0)。如,对于表达式~41,将每一位取反后结果为 11010110,发现符号位为 1,表示负数,将除符号位以外的其他数字取反,结果为 10101001,末位加 1 取其补码,结果为 10101010,转换成十进制数就是-42。

在 JavaScript 中,运算符具有明确的优先级与结合性。优先级用于控制运算符的执行顺序,具有较高优先级的运算符先于较低优先级的运算符执行,表 2-3 所示为 JavaScript 中各运算符的优先级。结合性是指具有同等优先级的运算符将按照怎样的顺序进行运算,结合性有向左结合和向右结合;圆括号可用来改变运算符优先级所决定的求值顺序。

表 2-3 运算符的优先级

优先级	级别	运算符
最高	从左向右	.、[]、()
由高到低排序	从右向左	++、--、-、!、~、delete、new、typeof、void
	从左向右	*、/、%
	从左向右	+、-
	从左向右	<<、>>、>>>
	从左向右	<、<=、>、>=、in、instanceof

续表

优先级	级别	运算符
由高到低排序	从左向右	==、!=、===、!==
	从左向右	&
	从左向右	^
	从左向右	|
	从左向右	&&
	从左向右	||
	从右向左	?:
	从右向左	=
	从右向左	*=、/=、%=、+=、-=、<<=、>>=、>>>=、&=、^=、|=
最低	从右向左	,

实例2 计算贷款到期后的总还款数(案例文件：ch02\2.2.html)

假设贷款利率为 5%，贷款金额为 35 万元，贷款期限为 5 年，计算贷款到期后的总还款金额。

```
<!DOCTYPE html>
<html>
<head></head>
<body>
<script type="text/javaScript">
    var rate=0.05;
    var money=350000;
    var total=money*(1+rate)*(1+rate)*(1+rate)*(1+rate)*(1+rate);
    document.write("贷款利率为："+rate +"<br />");
    document.write("贷款金额为："+money+"元"+"<br />");
    document.write("贷款年限为："+"5年"+"<br />");
    document.write("还款总额为："+total+"元");
</script>
</body>
</html>
```

运行程序，结果如图 2-2 所示。

图 2-2　计算贷款到期后的总还款额

2.4 条件判断语句

通过对程序语句中的条件表达式的值进行判断，进而决定执行不同的语句，从而得出不同的结果。条件判断语句是一种比较简单的选择结构语句，包括 if 语句、if...else 语句、switch 语句等。这些语句各具特点，但在一定条件下可以相互转换。

2.4.1 简单 if 语句

if 语句是最常用的条件判断语句，通过判断条件表达式的值为 true 或 false，从而确定程序的执行顺序。在实际应用中，if 语句有多种表现形式，最简单的 if 语句的应用格式如下：

```
if(表达式)
{
    语句;
}
```

参数说明如下。
- 表达式：必选项，用于指定条件表达式，可以使用逻辑运算符。
- 语句：用于指定要执行的语句序列，可以是一条或多条语句。当表达式为真时，执行大括号内包含的语句，否则就不执行。

实例 3 找出三个数值中的最小值(案例文件：ch02\2.3.html)

```
<!DOCTYPE html>
<html>
<head></head>
<body>
<script type="text/javaScript">
    var minValue;                    //声明变量
    var a=666;                       //声明变量并赋值
    var b=888;                       //声明变量并赋值
    var c=999;                       //声明变量并赋值
    minValue=a;                      //假设 a 的值最小，定义 a 为最小值
    if(minValue>b){                  //如果最小值大于 b
        minValue=b;                  //定义 b 为最小值
    }
    if(minValue>c){                  //如果最大值大于 c
        minValue=c;                  //定义 c 为最小值
    }
    document.write("a="+a+"<br />");
    document.write("b="+b+"<br />");
    document.write("c="+c+"<br />");
    document.write("这三个数的最小值为"+minValue);//输出结果
</script>
</body>
</html>
```

运行程序，结果如图 2-3 所示。

图 2-3　输出三个数中的最小值

2.4.2　if...else 语句

if...else 语句是 if 语句的标准形式，具体语法格式如下：

```
if (表达式){
    语句块 1
}
else{
    语句块 2
}
```

参数说明如下。

(1) 表达式：必选项，用于指定条件表达式，可以使用逻辑运算符。

(2) 语句块 1：用于指定要执行的语句序列，可以是一条或多条语句。当表达式为 true(真)时，执行该语句块。

(3) 语句块 2：用于指定要执行的语句序列，可以是一条或多条语句。当表达式为 false(假)时，执行该语句块。

实例 4　根据身高判断是否符合运动员选拔要求（案例文件：ch02\2.4.html）

本案例规定，当身高小于 175cm 时，输出"很抱歉，您的身高不符合运动员的选拔要求！"，否则输出"恭喜！您的身高符合要求！"。

```
<!DOCTYPE html>
<html>
<head></head>
<body>
<script type="text/javaScript">
    var x="";
    var h=180;
    if (h<175){
        x="很抱歉，您的身高不符合运动员的选拔要求！";
    }
    else{
        x="恭喜！您的身高符合要求！";
    }
    document.write("您的身高是："+h+"厘米");
    document.write("<p>");
    document.write("判断结果："+x);
</script>
</body>
</html>
```

运行程序，结果如图2-4所示。

图2-4　if...else 语句的应用结果

2.4.3　if...else if 语句

在 JavaScript 语言中，还可以在 if...else 语句中的 else 后跟 if 语句，从而形成 if...else if 结构，这种结构的一般表现形式如下：

```
if(表达式 1)
    语句块 1;
else if(表达式 2)
    语句块 2;
else if(表达式 3)
    语句块 3;
…
else
    语句块 n;
```

该流程控制语句的功能是首先执行表达式 1，如果返回值为 true，则执行语句块 1；再判断表达式 2，如果返回值为 true，则执行语句块 2；再判断表达式 3，如果返回值为 true，则执行语句块 3，以此类推，否则执行语句块 n。

实例 5　根据当前时间输出不同的问候语(案例文件：ch02\2.5.html)

本案例规定，如果当前时间小于 10:00，输出问候语"早上好！"；如果时间大于 10:00 小于 19:00，输出问候语"今天好！"，否则输出问候语"晚上好！"。

```
<!DOCTYPE html>
<html>
<head></head>
<body>
<script type="text/javaScript">
    var d = new Date();
    var time = d.getHours();
    document.write("当前时间为："+time+"时");
    document.write("<p>");
    if (time<10)
    {
        document.write("<b>输出的问候语为：早上好！</b>");
    }
    else if (time>=10 && time<19)
    {
        document.write("<b>输出的问候语为：今天好！</b>");
    }
    else
```

```
        {
            document.write("<b>输出的问候语为:晚上好!</b>");
        }
</script>
</body>
</html>
```

运行程序,结果如图 2-5 所示。

图 2-5　输出不同时间的问候语

2.4.4　switch 语句

switch 语句用测试一个的变量与多个值进行比较。每个值称为一个 case,而且被测试的变量会与每个 case 进行比较,若相同则执行分支中的语句。一个 switch 语句相当于一个 if…else 嵌套语句,因此它们的相似度很高,几乎所有的 switch 语句都能用 if…else 嵌套语句表示。

switch 语句与 if…else 嵌套语句最大的区别在于,if…else 嵌套语句中的条件表达式是一个逻辑表达的值,即结果为 true 或 false,而 switch 语句后的表达式值为数值类型或字符串型,以便与 case 标签里的值进行比较。

switch 语句的语法格式如下:

```
switch(表达式)
{
    case 常量表达式 1:
        语句块 1;
        break;
    case 常量表达式 2:
        语句块 2;
        break;
    case 常量表达式 3:
        语句块 3;
        break;
    …
    case 常量表达式 n:
        语句块 n;
        break;
    default:
        语句块 n+1;
        break;
}
```

首先计算表达式的值,当表达式的值等于常量表达式 1 的值时,执行语句块 1;当表达式的值等于常量表达式 2 的值时,执行语句块 2;依此类推,当表达式的值等于常量表达式 n 的值时,执行语句块 n,否则执行 default 后面的语句块 n+1。当执行到 break 语句时,则跳出 switch 结构。

使用switch语句必须遵循下面的规则:
- switch语句中的表达式是一个常量表达式,必须是一个数值类型或字符串类型。
- 在一个switch中可以有任意数量的case语句,每个case后跟一个要比较的值和一个冒号。
- case标签后的常量表达式必须与switch中的变量具有相同的数据类型,且必须是一个常量或字面量。
- 当被测试的变量等于case中的常量时,case后跟的语句将被执行,直到遇到break语句为止。
- 当遇到break语句时,switch终止,控制流将跳转到switch语句后的下一行。
- 不是每一个case都需要包含break。如果case语句不包含break,控制流将会继续后续的case,直到遇到break为止。
- 一个switch语句可以有一个可选的默认值,出现在switch的结尾。默认值可用于当上面所有case都不为真时执行一个任务。默认值中的break语句不是必需的。

实例6 switch语句的应用(案例文件:ch02\2.6.html)

```html
<!DOCTYPE html>
<html>
<head></head>
<body>
<script type="text/javaScript">
    var x;
    var d=new Date().getDay();
    switch(d){
        case 0:
            x="今天是星期日";
            break;
        case 1:
            x="今天是星期一";
            break;
        case 2:
            x="今天是星期二";
            break;
        case 3:
            x="今天是星期三";
            break;
        case 4:
            x="今天是星期四";
            break;
        case 5:
            x="今天是星期五";
            break;
        case 6:
            x="今天是星期六";
            break;
    }
    document.write(x);
</script>
</body>
</html>
```

运行程序，结果如图 2-6 所示。

图 2-6 switch 语句的应用结果

2.5 循 环 语 句

在实际应用中，往往会遇到一行或几行代码需要执行多次的情况，这就是代码的循环。几乎所有的程序都包含循环，循环时重复执行的指令、重复次数由条件决定，这个条件称为循环条件，反复执行的程序段称为循环体。

JavaScript 提供了 4 种循环结构类型，分别为 while 循环、do...while 循环、for 循环、嵌套循环，具体如表 2-4 所示。

表 2-4 循环结构类型

循环类型	描　　述
while 循环	当给定条件为真时，重复语句或语句组。它会在执行循环主体之前测试条件
do...while 循环	除了它是在循环主体结尾测试条件外，其他与 while 语句类似
for 循环	多次执行语句序列，简化管理循环变量的代码
嵌套循环	用户可以在 while、for 或 do...while 循环内使用一个或多个循环

2.5.1 while 循环

while 循环根据循环条件的返回值来判断执行零次或多次循环体。当逻辑条件成立时，重复执行循环体，直到条件不成立时终止。while 循环的语法格式如下：

```
while(表达式)
{
    语句块;
}
```

在这里，语句块可以是一个单独的语句，也可以是几个语句组成的代码块。表达式可以是任意表达式，当表达式的值为非零时其返回值是 true，执行循环；当表达式的返回值为 false 时，退出循环，程序流将继续执行紧接着循环的下一条语句。

当遇到 while 循环时，首先计算表达式的返回值。当表达式的返回值为 true 时，执行一次循环体中的语句块，循环体中的语句块执行完毕，将重新查看是否符合条件，若表达式的返回值还是 true 将再次执行相同的代码，否则跳出循环。while 循环的特点是先判断条件，后执行语句。

使用 while 语句时要注意以下几点：

- while 语句中的表达式一般是关系表达式或逻辑表达式，只要表达式的值为真(非

0)即可继续循环。
- 循环体包含一条以上语句时,应用"{}"括起来,以复合语句的形式出现;否则,它只认为while后面的第1条语句是循环体。
- 循环前,必须给循环控制变量赋初值。
- 循环体中必须有改变循环控制变量值的语句(使循环趋向结束的语句),否则循环永远不会结束,形成死循环,例如下面的代码。

```
int i=1;
while(i<10)
    document.write ("while语句注意事项");
```

因为i的值始终是1,也就是说,永远满足循环条件i<10,所以程序将不断地输出"while语句注意事项",陷入死循环,因此必须给出循环终止条件。

while循环之所以被称为有条件循环,是因为语句部分的执行依赖于表达式中的条件。如果第一次进入循环体时条件就没有满足,程序将永远不会进入循环体,例如如下代码。

```
int i=11;
while(i<10)
    document.write("while语句注意事项");
```

因为i一开始就被赋值为11,不符合循环条件i<10,所以不会执行后面的输出语句。要使程序能够进入循环,必须给i赋比10小的初值。

实例7 求数列1/2、2/3、3/4…前10项的和(案例文件:ch02\2.7.html)

本实例的数列可以写成通项式:i/(i+1),i=1, 2, …, 10,i从1循环到10,计算i/(i+1)的值,然后加到sum中即可求出。

```
<!DOCTYPE html>
<html>
<head></head>
<body>
<script type="text/javaScript">
    var i;                          //定义变量i,用于存放整型数据
    var sum=0;                      //定义变量sum,用于存放累加和
    i=1;                            //循环变量赋初值
    while(i<=10)                    //循环的终止条件是i<=10
    {
        sum=sum+i/(i+1.0);          //每次把新值加到sum中
        i++;                        //循环变量增值,此语句一定要有
    }
    document.write("该数列前10项的和为:"+sum);
</script>
</body>
</html>
```

运行程序,结果如图2-7所示。

图2-7 运行结果

> while 后面不能加 ";", 如果在 while 语句后面加了分号 ";", 系统会认为循环体是空的, 什么也不做。后面用 "{}" 括起来的部分将认为是 while 语句后面的下一条语句。

2.5.2 do…while 循环

在 JavaScript 语言中, do...while 循环是在循环的尾部才检查表达式的条件。do...while 循环与 while 循环类似, 但是也有区别。do…while 循环和 while 循环的主要区别如下：

- do…while 循环是先执行循环体后判断循环条件, while 循环则是先判断循环条件后执行循环体。
- do…while 循环的最少执行次数为 1 次, while 语句的最少执行次数为 0 次。

do…while 循环的语法格式如下：

```
do
{
    语句块;
}
while(表达式);
```

这里的条件表达式出现在循环的尾部, 所以循环中的语句块会在条件被测试之前至少执行一次。如果条件为真, 控制流会跳转回上面的 do 关键字, 然后重新执行循环中的语句块。这个过程会不断重复, 直到给定条件变为假为止。

程序遇到关键字 do, 执行大括号内的语句块, 语句块执行完毕, 执行 while 关键字后的表达式, 如果表达式的返回值为 true, 则向上执行语句块, 否则结束循环, 执行 while 关键字后的程序代码。

使用 do…while 语句应注意以下两点：

- do…while 语句是先执行"循环体语句", 后判断循环终止条件, 与 while 语句不同。二者的区别在于：当 while 后面的表达式最初的值为 0(假)时, while 语句的循环体一次也不执行, 而 do…while 语句的循环体至少要执行一次。
- 在书写格式上, 循环体部分要用"{}"括起来, 即使只有一条语句也如此; do…while 语句最后以分号结束。

> while 与 do…while 的最大区别在于, do…while 将先执行一遍大括号中的语句, 再判断表达式的真假。

实例 8 使用 do…while 语句计算 1+2+3+…+50 的和(案例文件：ch02\2.8.html)

```
<!DOCTYPE html>
<html>
<head></head>
<body>
<script type="text/javaScript">
    var i=1;                //定义变量并初始化
    var sum=1;              //定义变量并初始化
```

```
        document.write("50 以内自然数求和：");
        document.write("<p>");
        do{
            sum+=i;
            i++;                    //自增运算
        }
        while(i<=50);               //while 语句，设置表达式的条件
        document.write("1+2+3+...+50="+sum);    //输出结果
</script>
</body>
</html>
```

运行程序，结果如图 2-8 所示。

图 2-8　输出计算结果

2.5.3　for 循环

for 循环和 while 循环、do…while 循环一样，可以重复执行一个语句块，直到指定的循环条件返回值为假为止。for 循环的语法格式如下：

```
for(表达式 1;表达式 2;表达式 3)
{
    语句块;
}
```

主要参数介绍如下：
- 表达式 1 为赋值语句，如果有多个赋值语句可以用逗号隔开，形成逗号表达式。
- 表达式 2 返回一个布尔值，用于检测循环条件是否成立。
- 表达式 3 为赋值表达式，用来更新循环控制变量，以保证循环能正常终止。

for 循环的执行过程如下：
- 表达式 1 会首先被执行，且只会执行一次。这一步允许用户声明并初始化任何循环控制变量。用户也可以不在这里写任何语句，只要有一个分号即可。
- 接下来会判断表达式 2，如果为真，则执行循环主体；如果为假，则不执行循环主体，控制流会跳转到紧接着 for 循环的下一条语句。
- 在执行完 for 循环主体后，控制流会跳回表达式 3 语句，该语句允许用户更新循环控制变量。
- 最后条件再次被判断。如果为真，则执行循环，这个过程会不断重复(循环主体，然后增加步值，再重新判断条件)。当条件变为假时，for 循环终止。

实例 9　使用 for 循环语句计算 1+2+3+...+100 的和(案例文件：ch02\2.9.html)

```
<!DOCTYPE html>
<html>
```

```
<head></head>
<body>
<script type="text/javaScript">
   for(var i=0,Sum=0;i<=100;i++)
   {
      Sum+=i;
   }
   document.write("100 以内自然数求和：");
   document.write("<p>");
   document.write("1+2+3+...+100="+Sum);
</script>
</body>
</html>
```

运行程序，结果如图 2-9 所示。

图 2-9　for 语句的应用结果

2.6　跳 转 语 句

循环控制语句可以改变代码的执行顺序，通过这些语句可以实现代码的跳转。JavaScript 语言提供的 break 和 continue 语句也可以实现这一目的。break 语句的作用是立即跳出循环，continue 语句的作用是停止正在进行的循环，直接进入下一次循环。

2.6.1　break 语句

break 语句只能应用在选择结构 switch 语句和循环语句中，如果出现在其他位置会引起编译错误。break 语句有以下两种用法：

- 当 break 语句出现在一个循环内时，循环会立即终止，程序流将继续执行紧接着循环的下一条语句。
- break 语句可用于终止 switch 语句中的一个 case。

 如果用户使用的是嵌套循环(即一个循环内嵌套另一个循环)，break 语句会停止执行最内层的循环，然后开始执行该语句块之后的下一行代码。

break 语句的语法格式如下：

```
break;
```

break 语句用在循环语句的循环体内的作用是终止当前的循环语句。
无 break 语句：

```
int sum=0, number;
while (number !=0) {
```

有 break 语句：

```
int sum=0, number;
while (1) {
   if (number==0)
      break;
   sum+=number;
}
```

这两段程序的效果是一样的。需要注意的是，break 语句只是跳出当前的循环语句，对于嵌套的循环语句，break 语句的功能是从内层循环跳到外层循环。例如：

```
int i=0,j,sum=0;
while(i<10){
   for(j=0;j<10;j++){
      sum+=i+j;
      if(j==i) break;
   }
   i++;
}
```

本例中的 break 语句执行后，程序立即终止 for 循环语句，转向 for 循环语句的下一个语句，即 while 循环体中的 i++语句，继续执行 while 循环语句。

实例 10　break 语句的应用(案例文件：ch02\2.10.html)

使用 while 循环输出变量 a 为 1～10 的整数，在内循环中使用 break 语句，当输出到 6 时跳出循环。

```
<!DOCTYPE html>
<html>
<head></head>
<body>
<script type="text/javaScript">
   var a =1;          //定义局部变量
   while(a<10)        //while 循环
   {
      document.write("a 的值: "+a);
      document.write("<br />");
      a++;
      if(a>6)
      {
         break;   /*使用 break 语句终止循环*/
      }
   }
</script>
</body>
</html>
```

运行程序，结果如图 2-10 所示。

第 2 章 JavaScript 语言基础

图 2-10 break 语句应用示例

注意

在嵌套循环中，break 语句只能跳出离自己最近的那一层循环。

2.6.2 continue 语句

JavaScript 中的 continue 语句有点像 break 语句。但它不是强制终止，continue 会跳过当前循环中的代码，强迫开始下一次循环。对于 for 循环，continue 语句执行后自增语句仍然会执行。对于 while 和 do...while 循环，continue 语句将重新执行条件判断语句。

continue 语句的语法格式如下：

```
continue;
```

通常情况下，continue 语句总是与 if 语句在一起，用来加速循环。假设 continue 语句用于 while 循环语句，要求在某个条件下跳出本次循环，一般形式如下：

```
while(表达式1) {
    …
    if(表达式2) {
        continue;
    }
    …
}
```

这种形式和前面介绍的 break 语句用于循环的形式十分相似，其区别是，continue 只终止本次循环，继续执行下一次循环，而不是终止整个循环。break 语句则是终止整个循环过程，不会再去判断循环条件是否还满足。在循环体中，continue 语句被执行之后，其后面的语句均不再执行。

实例 11 continue 语句的应用（案例文件：ch02\2.11.html）

输出 1~20 之间所有不能被 2 和 3 同时整除的整数。

```
<!DOCTYPE html>
<html>
<head></head>
<body>
<script type="text/javaScript">
    var i,n=0;                    //n 计数
    for(i=1;i<=20;i++)
    {
```

```
        if(i%2==0&&i%3==0)         //如果能同时整除2和3，不打印
        {
            continue;              //结束本次循环未执行的语句，继续下次判断
        }
        document.write(i+" ");
        n++;
        if(n%8==0)                 //8个数输出一行
            document.write("<br />");
    }
</script>
</body>
</html>
```

运行程序，结果如图2-11所示。可以看出，输出的这些数值不能同时被2和3整除，并且每8个数输出一行。

图2-11　continue语句的应用示例

在本例中，只有当i的值能同时被2和3整除时，才执行continue语句，然后判断循环条件i<=20，再进行下一次循环。只有当i的值不能同时被2和3整除时，才执行后面的语句。

2.7　函数的应用

在JavaScript中，如果需要实现较为复杂的系统功能，就需要使用函数。函数是进行模块化程序设计的基础，使用函数可以提高程序的可读性与易维护性。

2.7.1　定义函数

使用函数前，必须先定义函数，JavaScript使用关键字function定义函数。在JavaScript中，函数的定义通常由4部分组成：关键字、函数名、参数列表和函数内部实现语句，具体语法格式如下：

```
function 函数名([参数1,参数2…])
{
    执行语句;
    [return 表达式;]
}
```

主要参数介绍如下。
- function：定义函数的关键字。
- 函数名：函数调用的依据，可由编程者自行定义，函数名要符合标识符的定义规则。

- 参数 1,参数 2…：为函数的参数，可以是常量，也可以是变量或表达式。参数列表中可定义一个或多个参数，各参数之间用逗号(,)分隔。当然，参数列表也可为空。
- 执行语句：为函数体，该部分执行语句是对数据处理的描述，函数的功能由它们实现，本质上相当于一个脚本程序。
- return 指定函数的返回值，为可选参数。

函数声明后不会立即执行，会在用户需要的时候调用。当调用该函数时，会执行函数内的代码。同时，可以在某事件发生时直接调用函数(比如用户单击按钮时)，也可由 JavaScript 在任何位置进行调用。

 JavaScript 对大小写敏感，关键词 function 必须是小写的，并且必须以与函数名称、大小写相同的函数名来调用函数。

实例 12 定义带有参数的函数(案例文件：ch02\2.12.html)

定义一个带有参数的函数，用于计算两个数的和。

```
<!DOCTYPE html>
<html>
<head>
    <script type="text/javaScript">
        function sum(a,b)
        {
            var sum=a+b;
            return sum;
        }
        document.write("100+200="+sum(100,200));
    </script>
</head>
<body>
</body>
</html>
```

运行程序，结果如图 2-12 所示。

图 2-12 带有参数的函数应用示例

 在编写函数时，应尽量降低代码的复杂度及难度，保持函数功能的单一性，简化程序设计，使脚本代码结构清晰，简单易懂。

JavaScript 函数除了可以使用声明方式定义外，还可以通过一个表达式定义，并且函数表达式可以存储在变量中。例如，定义一个函数，实现两个数相乘，具体代码如下：

```
var x=function(a,b) {return a*b};
```

2.7.2 函数的调用

定义函数的目的是在后续代码中调用函数。在 JavaScript 中，调用函数的方法有简单调用、通过链接调用以及在事件响应中调用等。

1. 函数的简单调用

函数的简单调用是 JavaScript 函数调用常用的方法，语法格式如下：

函数名(传递给函数的参数1,传递给函数的参数2...)

函数的定义语句通常放在 HTML 文件的<head>段中，而函数的调用语句则可以放在 HTML 文件中的任何位置。

2. 通过链接调用函数

通过单击网页中的超链接，可以调用函数。具体方法是为标签<a>的 href 属性添加调用函数的语句，语法格式如下：

<a href="javascript:函数名();">链接</a>

当单击网页中的超链接时，相关函数就会被执行。

3. 在事件响应中调用函数

当用户在网页中单击按钮、复选框、单选框等触发事件时，可以实现相应的操作。通过编写程序对事件做出的反应进行规定，这一过程称为响应事件。在 JavaScript 中，将函数与事件相关联就完成了响应事件的过程。

下面以单击按钮调用函数为例进行讲解。

实例 13 单击按钮调用函数(案例文件：ch02\2.13.html)

定义一个函数 showGoods()，该函数可以实现通过单击按钮，在弹出对话框中显示一段文字。

```
<!DOCTYPE html>
<html>
<head>
    <script type="text/javaScript">
        function showGoods(name,price){
            alert("今日的特价商品是："+name+"，价格是："+price);
        }
    </script>
</head>
<body>
    <p>通过单击按钮调用函数</p>
<button onclick="showGoods('葡萄','每千克8.88元。')">今日特价</button>
</body>
</html>
```

运行程序，单击"今日特价"按钮，结果如图 2-13 所示。

图 2-13　通过单击按钮调用函数

2.7.3　函数的参数与返回值

函数的参数与返回值是函数中比较重要的两个概念，本节就来介绍函数的参数与返回值的应用。

1. 函数的参数

在定义函数时，有时会指定函数的参数，这个参数称为形参。调用带有形参的函数时，需要指定实际传递的参数，这个参数称为实参。

在 JavaScript 中，定义函数参数的语法格式如下：

```
function 函数名(形参,形参,…)
{
    函数体
}
```

定义函数时，可以在函数名后的圆括号内指定一个或多个形参。当指定多个形参时，中间用逗号隔开。指定形参的作用是当调用函数时，可以为被调用的函数传递一个或多个值。

如果定义的函数带有一个或多个形参，那么在调用该函数时就需要指定对应的实参。具体的语法格式如下：

```
函数名(实参,实参,…);
```

2. 函数的返回值

在调用函数时，有时希望通过参数向函数传递数据，有时希望从函数中获取数据，这个数据就是函数的返回值。在 JavaScript 函数中，可以使用 return 语句为函数返回一个值。语法格式如下：

```
return 表达式;
```

在使用 return 语句时，函数会停止执行，并返回指定的值。但是，整个 JavaScript 程序并不会停止执行，它会从调用函数的地方继续执行代码。

实例 14 计算购物清单中所有商品的总价(案例文件：ch03\3.14.html)

某公司需要采购一批商品，假设商品信息如下。
- 电视机：单价 4800 元，购买 60 台。
- 空调：单价 6800 元，购买 80 台。
- 洗衣机：单价 5800 元，购买 30 台。

定义一个函数 price()，该函数带有两个参数，将商品单价与商品数量作为参数进行传递，然后分别计算商品的总价，最后再将不同商品的总价进行相加，最终计算出所有商品的总价。

```
<!DOCTYPE html>
<html>
<head>
    <script type="text/javascript">
        function price(unitPrice,number){      //将商品单价和商品数量作为参数传递
            var totalPrice=unitPrice*number;   //计算单个商品总价
            return totalPrice;                 //返回单个商品总价
        }
        var Tel = price(4800,60);              //调用函数，计算电视机的总价
        var Air = price(6800,80);              //调用函数，计算空调的总价
        var Was = price(5800,30);              //调用函数，计算洗衣机的总价
        document.write("电视机的总价："+Tel+"元"+"<br />");
        document.write("空调的总价："+Air+"元"+"<br />");
        document.write("洗衣机的总价："+Was+"元"+"<br />");
        var total=Tel+Air+Was;                 //计算所有商品的总价
        document.write("商品的总价："+total+"元");  //输出所有商品的总价
    </script>
</head>
<body>
</body>
</html>
```

运行程序，结果如图 2-14 所示。

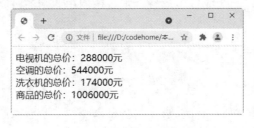

图 2-14 计算购物清单及总价

2.8 就业面试问题解答

面试问题 1：JavaScript 语言中的 while、do…while、for 循环语句有什么区别？

同一个问题，往往既可以用 while 语句解决，也可以用 do…while 或者 for 语句来解决。在实际应用中，应根据具体情况选用不同的循环语句。选用的一般原则如下：

- 如果循环次数在执行循环体之前就已确定，一般用 for 语句。如果循环次数是由循环体的执行情况确定的，一般用 while 语句或者 do…while 语句。
- 当循环体至少执行一次时，用 do…while 语句；反之，如果循环体可能一次也不执行，则选用 while 语句。
- 循环语句中，for 语句使用频率最高，while 语句其次，do…while 语句很少用。

三种循环语句 for、while、do…while 可以互相嵌套、自由组合。需要注意的是，循环必须完整，相互之间绝不允许交叉。

面试问题 2：什么是变量的作用域？

变量的作用范围又称为作用域，是指某变量在程序中的有效范围。根据作用域的不同，变量可划分为全局变量和局部变量。

- 全局变量：全局变量的作用域是全局性的，即在整个 JavaScript 程序中全局变量处处都存在。
- 局部变量：局部变量是函数内部声明的，只作用于函数内部，其作用域是局部性的；函数的参数也是局部性的，只在函数内部起作用。

在函数内部，局部变量的优先级高于同名的全局变量。也就是说，如果存在与全局变量名称相同的局部变量，或者在函数内部声明了与全局变量同名的参数，则该全局变量将不再起作用。

2.9　上机练练手

上机练习 1：计算平面内两点之间的距离

在平面内已知两个点的坐标值，然后使用 JavaScript 中的运算符与表达式计算这两个点之间的距离。这里假设 A 点的坐标为(0,5)，B 点的坐标为(5,9)，然后单击"计算距离"按钮，即可在下方的文本框中显示计算结果，如图 2-15 所示。

上机练习 2：计算借贷和还款金额

编写函数用于计算借贷和还款金额，程序运行结果如图 2-16 所示。

图 2-15　计算两点之间的距离

图 2-16　计算借贷和还款金额

第3章

对象的应用

在 JavaScript 中，几乎所有的事物都是对象。对象是 JavaScript 最基本的数据类型之一，是一种复合的数据类型，它将多种数据类型集中为一个数据单元，允许通过对象来存取这些数据的值。本章将详细介绍 JavaScript 的对象，主要内容包括创建对象的方法、常用内置对象、对象的访问语句等。

3.1 了解对象

在 JavaScript 中,对象是非常重要的,只有理解了对象,才能真正了解 JavaScript。对象包括内置对象、自定义对象等多种类型,使用这些对象可以大大简化 JavaScript 程序的设计,采用直观、模块化的方式进行脚本程序开发。

3.1.1 什么是对象

对象可以是一件事、一个实体、一个名词,还可以是有自己标识的任何东西。对象是类的实例化。比如,自然人就是一个典型的对象,"人"的状态包括身高、体重、肤色、性别等特性,如图 3-1 所示。"人"的行为包括吃饭、睡觉等,如图 3-2 所示。

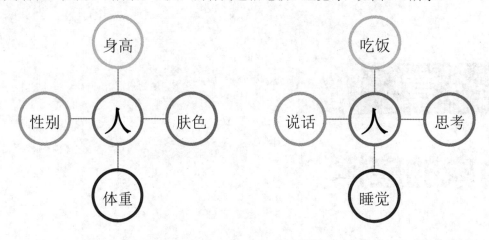

图 3-1 "人"对象的状态　　　　图 3-2 "人"对象的行为

在计算机世界里,也存在对象,不仅包含来自客观世界的对象,还包含为解决问题而引入的抽象对象。例如,一个用户可以看作一个对象,包含用户名、用户密码等状态,还包含注册、登录等行为,如图 3-3 所示。

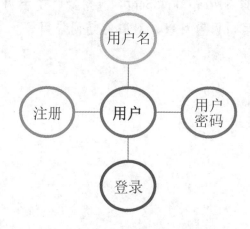

图 3-3 "用户"对象的状态与行为

3.1.2 对象的属性和方法

在 JavaScript 中，可以使用字符来定义和创建 JavaScript 对象。对象包含两个要素：属性和方法。通过访问或设置对象的属性，并且调用对象的方法，就可以对对象进行各种操作，从而实现需要的功能。

1. 对象的属性

对象的属性可以用来描述对象状态，它是包含在对象内部的一组变量。在程序中使用对象的一个属性类似于使用一个变量。获取或设置对象的属性值的语法格式如下：

```
对象名.属性名
```

例如，以汽车"car"对象为例，该对象有颜色和名称属性，以下代码可以分别获取该对象的这两个属性值。

```
var name=car.name;
var color=car.color;
```

也可以通过以下代码来设置"car"对象的这两个属性。

```
car.name="Fiat";
car.color="white";
```

2. 对象的方法

针对对象行为的复杂性，JavaScript 语言将包含在对象内部的函数称为对象的方法，利用方法可以实现某些功能。例如，在对象内部定义一个函数 Open()来处理文件的打开情况。

在程序中调用对象的一个方法类似于调用一个函数，语法格式如下：

```
对象名.方法名(参数)
```

与函数一样，在对象的方法中可以使用一个或多个参数，也可以不使用参数。这里以对象"car"为例，该对象包含启动、行驶、停止、刹车等方法，以下代码可以分别调用该对象的这几个方法：

```
car.start();
car.drive();
car.brake();
car.stop();
```

总之，在 JavaScript 中，对象就是属性和方法的集合，这些属性和方法也叫作对象的成员。方法作为对象成员的函数，表示对象所具有的行为；属性作为对象成员的变量，表示对象的状态。

3.1.3 JavaScript 对象分类

JavaScript 中可以使用的对象有三类，包括自定义对象、内置对象和浏览器对象。自定义对象是指用户根据需要自己定义的新对象。

使用 JavaScript 的内置对象可以帮助用户在编写程序时实现一些最常用、最基本的功能，JavaScript 的内置对象包括 Object、Math、Date、String、Array、Number、Boolean、RegExp 等，如表 3-1 所示。

表 3-1 JavaScript 中的内置对象

对 象 名	功　　能
Object	可以在程序运行时为 JavaScript 对象随意添加属性
Math	执行常见的算术任务
String	处理或格式化文本字符串，以及确定和定位字符串中的子字符串
Date	使用 Date 对象执行各种日期和时间的操作
Array	使用单独的变量名来存储一系列的值
Boolean	将非布尔值转换为布尔值(true 或者 false)
RegExp	对字符串进行模式匹配及检索替换，是对字符串执行模式匹配的强大工具
Number	包装原始数值

浏览器对象是浏览器根据系统当前的配置和所装载的页面为 JavaScript 提供的一些对象，例如 document、window 等对象。表 3-2 所示为 JavaScript 中常用的浏览器对象。

表 3-2 JavaScript 中常用的浏览器对象

对 象 名	功　　能
window	浏览器中打开的窗口
navigator	包含有关浏览器的信息
screen	包含有关客户端显示屏幕的信息
history	包含用户(在浏览器窗口中)访问过的 URL。history 对象是 window 对象的一部分，可通过 window.history 属性对其进行访问
location	包含有关当前 URL 的信息。location 对象是 window 对象的一部分，可通过 window.location 属性对其进行访问
document	可以在脚本中对 HTML 页面中的所有元素进行访问，它是 Window 对象的一部分，可通过 window.document 属性对其进行访问

JavaScript 对象按照使用方式又可以分为静态对象和动态对象两种。在引用动态对象的属性和方法时，必须使用 new 关键字来创建一个对象，然后才能使用"对象名.成员"的方式来访问其属性和方法；在引用静态对象的属性和方法时，不需要使用 new 关键字来创建对象，可以直接使用"对象名.成员"的方式来访问其属性和方法。

3.2 创建自定义对象

JavaScript 对象是拥有属性和方法的数据。例如，在现实生活中，一辆汽车是一个对象。对象具有自己的属性，如重量、颜色等，方法有启动、停止等。

在 JavaScript 中创建自定义对象有以下几种方法：
- 直接创建自定义对象。
- 通过自定义构造函数创建对象。
- 通过系统内置的 Object 对象创建。

3.2.1 直接创建对象

直接创建对象易于阅读和编写，也易于解析和生成。创建自定义对象采用"键/值"对集合的形式完成。在这种形式下，一个对象以"{"(左括号)开始，以"}"(右括号)结束。每个"名称"后跟一个":"(冒号)，"键/值"对之间使用","(逗号)分隔。

直接创建自定义对象的语法格式如下：

```
var 对象名={属性名1:属性值1,属性名2:属性值2, 属性名3:属性值3…}
```

例如，创建一个商品对象，并设置三个属性，包括 name、price、city，具体代码如下：

```
goods={name:"洗衣机",price:6800,city:"上海"}
```

实例 1 创建对象并输出对象属性值(案例文件：ch03\3.1.html)

```
<!DOCTYPE html>
<html>
<head></head>
<body>
<script type="text/javascript">
    var goods={                                              //创建商品对象goods
        name:"洗衣机",
        price:6800,
        city:"上海"
    }
    document.write("商品名称："+goods.name+"<br />");        //输出 name 属性值
    document.write("商品价格："+goods.price+"元<br />");     //输出 price 属性值
    document.write("商品产地："+goods.city+"<br />");        //输出 city 属性值
</script>
</body>
</html>
```

运行程序，结果如图 3-4 所示。

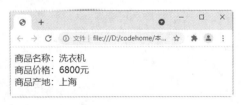

图 3-4 直接创建对象

3.2.2 使用 Object 对象创建对象

Object 对象是 JavaScript 的内置对象，它提供了对象的最基本功能，这些功能构成了所有其他对象的基础。使用 Object 对象可以在不定义构造函数的情况下，直接创建自定义对象。具体的语法格式如下：

```
obj=new Object([value])
```

其中，对象和属性值如下。

- obj：要赋值为 Object 对象的变量名。
- value：对象的属性值。可以是任意一种基本数据类型，还可以是一个对象。如果 value 是一个对象，则返回不做改动的该对象。如果 value 是 null 或 undefined，或者没有定义任何数据类型，则产生没有内容的对象。

使用 Object 可以创建一个没有任何属性的空对象。如果要设置对象的属性，可以将一个值赋给对象的新属性。在使用 Object 对象创建自定义对象时，还可以定义对象的方法。

实例2 使用 Object 创建对象的同时创建方法(案例文件：ch03\3.2.html)

创建一个商品对象 goods，并设置三个属性，包括商品名称、商品价格和商品产地，然后使用 show()方法输出这三个属性的值。

```
<!DOCTYPE html>
<html>
<head></head>
<body>
<script type="text/javascript">
   var goods=new Object();        //创建商品空对象 goods
   goods.name="电视机";            //设置 name 属性值
   goods.price="6900元";           //设置 price 属性值
   goods.city="广州";              //设置 city 属性值
   goods.show=function(){
      alert("商品名称："+ goods.name+"\n 商品价格："+goods.price+"\n 商品产地："+goods.city);                      //输出属性值
   };
   goods.show();                   //调用方法
</script>
</body>
</html>
```

运行程序，结果如图 3-5 所示。

图 3-5　使用 show()方法输出属性值

如果在创建 Object 对象时指定了参数，可以直接将这个参数的值转换为相应的对象。例如，通过 Object 对象创建一个字符串对象，代码如下：

```
var mystr=new Object("初始化 String");  //创建一个字符串对象
```

3.2.3 使用构造函数创建对象

在 JavaScript 中可以自定义构造函数，通过调用自定义构造函数可以创建并初始化一个新的对象。与普通函数不同，调用构造函数必须使用 new 运算符。构造函数与普通函数一样，可以使用参数，其参数通常用于初始化新对象。

1. 使用 this 关键字构造

在构造函数的函数体内需要通过 this 关键字初始化对象的属性与方法。例如，要创建一个教师对象 teacher，可以定义一个名称为 Teacher 的构造函数，代码如下：

```
function Teacher(name,sex,age)      //定义构造函数
{
    this.name=name;                 //初始化对象的 name 属性
    this.sex=sex;                   //初始化对象的 sex 属性
    this.age=age;                   //初始化对象的 age 属性
}
```

从代码可知，在 Teacher 构造函数内部对三个属性进行了初始化，其中 this 关键字表示对对象的属性和方法的引用。

利用已定义的 Teacher 构造函数，再加上 new 运算符可以创建一个新对象，代码如下：

```
var teacher01=new Teacher("陈婷婷","女","26 岁");//创建对象实例
```

在这里，teacher01 是一个新对象。具体来讲，teacher01 是 Teacher 的实例。使用 new 运算符创建一个对象实例后，JavaScript 会自动调用所使用的构造函数，执行构造函数中的程序。

在使用构造函数创建自定义对象的过程中，对象的实例不是唯一的。例如，这里可以创建多个 Teacher 对象的实例，而且每个实例都是独立的。代码如下：

```
var teacher02=new Teacher("纪萌萌","女","28 岁");   //创建对象实例
var teacher03=new Teacher("陈尚军","男","36 岁");   //创建对象实例
```

实例 3 使用构造函数创建对象(案例文件：ch03\3.3.html)

创建一个水果对象 Fruits，并设置 4 个属性，包括水果的名称、产地、价格和库存，然后为 Fruits 对象创建多个对象实例并输出实例属性。

```
<!DOCTYPE html>
<html>
<head>
    <style type="text/css">
        *{
            font-size:15px;
            line-height:28px;
            font-weight:bolder;
        }
    </style>
```

```
</head>
<body>
<img src="01.jpg" align="left" hspace="10" />
<script type="text/javascript">
    function Fruits(name,city,price, stock){
        this.name = name;                    //对象的name属性
        this.city = city;                    //对象的city属性
        this.price = price;                  //对象的price属性
        this.amount = amount;                //对象的amount属性
    }
    document.write("精品苹果"+"<br />");
                                             //创建一个新对象Fruits1
    var Fruits1=new Fruits("苹果","烟台","12.8元每千克","3800吨");
    document.write("水果名称: "+ Fruits1.name+"<br />"); //输出name属性值
    document.write("水果产地: "+ Fruits1.city+"<br />"); //输出city属性值
    document.write("水果价格: "+ Fruits1.price+"<br />"); //输出price属性值
    document.write("水果库存: "+ Fruits1.amount+"<br />"); //输出amount属性值
    document.write("精品葡萄"+"<br />");
                                             //创建一个新对象Fruits2
    var Fruits2=new Fruits("葡萄","吐鲁番","18.8元每千克","8860吨");
    document.write("水果名称: "+ Fruits2.name+"<br />"); //输出name属性值
    document.write("水果产地: "+ Fruits2.city+"<br />"); //输出city属性值
    document.write("水果价格: "+ Fruits2.price+"<br />"); //输出price属性值
    document.write("水果库存: "+ Fruits2.amount+"<br />"); //输出amount属性值
</script>
</body>
</html>
```

在浏览器中显示的结果如图3-6所示。

图3-6 输出两个对象实例

对象不仅可以拥有属性，还可以拥有方法。在定义构造函数的同时可以定义对象的方法。与对象的属性一样，在构造函数里需要使用this关键字来初始化对象的方法。例如，在Teacher对象中可以定义三个不同的方法，分别用于显示姓名(showName)、年龄(showAge)和性别(showSex)。

```
function Teacher(name,sex,age)           //定义构造函数
{
    this.name=name;                      //初始化对象的name属性
```

```
    this.sex=sex;                       //初始化对象的sex属性
    this.age=age;                       //初始化对象的age属性
    this.showName=showName;             //初始化对象的方法
    this.showSex=showSex;               //初始化对象的方法
    this.showAge=showAge;               //初始化对象的方法
}
function showName(){                    //定义showName()方法
    alert(this.name);                   //输出name属性值
}
function showSex(){                     //定义showSex()方法
    alert(this.sex);                    //输出sex属性值
}
function showAge(){                     //定义showAge()方法
    alert(this.age);                    //输出age属性值
}
```

另外，在创建构造函数时还可以直接定义对象的方法，代码如下：

```
function Teacher(name,sex,age)          //定义构造函数
{
    this.name=name;                     //初始化对象的name属性
    this.sex=sex;                       //初始化对象的sex属性
    this.age=age;                       //初始化对象的age属性
    this.showName=function(){           //定义showName()方法
        alert(this.name);               //输出name属性值
    };
    this.showSex= function(){           //定义showSex()方法
        alert(this.sex);
    };
    this.showAge=function(){            //定义showAge()方法
        alert(this.age);
    };
}
```

实例 4 输出商品第一季度的销售额(案例文件：ch03\3.4.html)

创建一个商品销售对象 Sales，并在对象中定义统计销售额的方法，代码如下：

```
<!DOCTYPE html>
<html>
<head>
    <script type="text/javascript">
        function Sales(one,two,three,sum){
            this.one = one;                     //对象的one属性
            this.two = two;                     //对象的two属性
            this.three = three;                 //对象的three属性
            this.sum = sum;                     //对象的sum属性
            this.total = function(){            //对象的total方法
                document.write("一月份的销售额："+this.one);
                document.write("<br />二月份的销售额："+this.two);
                document.write("<br />三月份的销售额："+this.three);
                document.write("<br>-----------------");
                document.write("<br>第一季度销售额："+(this.one+this.two+this.three));
            }
```

```
        }
    </script>
</head>
<body>
<script type="text/javascript">
    var Sales1=new Sales(6800,7500,6900);    //创建对象Sales1
    Sales1.total();
</script>
</body>
</html>
```

运行程序，结果如图 3-7 所示。

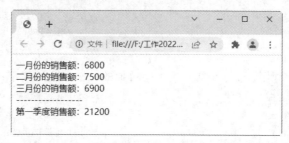

图 3-7　输出商品第一季度的销售额

2．使用 prototype 属性

在使用构造函数创建自定义对象的过程中，如果为构造函数定义了多个属性和方法，那么在每次创建对象实例时都会为该对象分配相同的属性和方法，这样会增加对内存的需求，这时可以通过 prototype 属性来解决。

prototype 属性是 JavaScript 中的所有函数都具有的一个属性，该属性可以向对象中添加属性或方法，语句格式如下：

```
object.prototype.name=value
```

各个参数的含义如下。
- object：构造函数的名称。
- name：需要添加的属性名或方法名。
- value：添加属性的值或执行方法的函数。

 　this 与 prototype 的区别主要在于属性访问的顺序以及占用的空间不同。使用 this 关键字，示例初始化时为每个实例开辟构造方法包含的所有属性、方法所需的空间，而使用 prototype 定义，由于 prototype 实际上是指向父级元素的一种引用，仅仅是数据的副本，因此在初始化及存储上都比 this 节约资源。

实例 5　使用 prototype 属性输出商品信息(案例文件：ch03\3.5.html)

创建一个蔬菜对象 Vegetables，并设置 4 个属性，包括蔬菜的名称、产地、价格和库存，然后使用 prototype 属性向对象中添加属性和方法，并输出这些属性的值。

```
<!DOCTYPE html>
<html>
```

```html
<head>
    <style type="text/css">
        *{
            font-size:15px;
            line-height:28px;
            font-weight:bolder;
        }
    </style>
    <script type="text/javascript">
        function Vegetables(name,city,price,stock){
            this.name=name;                          //对象的name属性
            this.city =city;                         //对象的city属性
            this.price=price;                        //对象的price属性
            this.stock= stock;                       //对象的stock属性
            Vegetables.prototype.show=function(){
                document.write("<br />名称："+this.name);
                document.write("<br />产地："+this.city);
                document.write("<br />价格："+this.price);
                document.write("<br />库存："+this.stock);
            }
        }
    </script>
</head>
<body>
<img src="02.jpg" align="left" hspace="10" />
<script type="text/javascript">
    var v1 = new Vegetables("菠菜","广州","2.88元每千克","3600吨");
    v1.show();
    document.write("<p>");
    var v2 = new Vegetables("萝卜","北京","1.88元每千克","9800吨");
    v2.show();
</script>
</body>
</html>
```

运行程序，结果如图 3-8 所示。

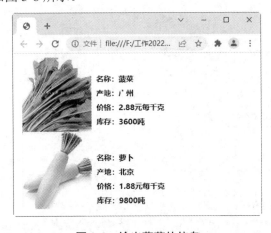

图 3-8 输出蔬菜的信息

3.3 对象访问语句

在 JavaScript 中，访问对象的语句有两种，分别是 for...in 循环语句和 with 语句。下面详细介绍这两种语句的用法。

3.3.1 for...in 循环语句

for...in 循环语句和 for 语句十分相似，该语句用来遍历对象的每一个属性。每次都会将属性名作为字符串保存在变量中。语法格式如下：

```
for(变量 in 对象){
    语句;
}
```

主要参数介绍如下。
- 变量：用于存储某个对象的所有属性名。
- 对象：用于指定要遍历属性的对象。
- 语句：用于指定循环体。

for...in 语句用于对某个对象的所有属性进行循环操作，将某个对象的所有属性名称依次赋值给同一个变量，而不需要事先知道对象属性的个数。

 应用 for...in 语句遍历对象属性，在输出属性值时一定要使用数组的形式(对象名[属性名])进行输出，而不能使用"对象名.属性名"的形式输出。

实例 6 使用 for...in 语句输出一首古诗的内容(案例文件：ch03\3.8.html)

创建一个对象 poetry，以数组的形式定义对象 poetry 的属性值，然后使用 for...in 语句输出古诗内容。

```
<!DOCTYPE html>
<html>
<head>
    <style type="text/css">
        *{
            font-size:15px;
            line-height:28px;
            font-weight:bolder;
        }
    </style>
</head>
<body>
<h1 style="font-size:25px;">春词</h1>
<script type="text/javascript">
    var poetry = new Array()
    poetry[0] = "新妆宜面下朱楼，";
    poetry[1] = "深锁春光一院愁。";
    poetry[2] = "行到中庭数花朵，";
```

第 3 章 对象的应用

```
        poetry[3] = "蜻蜓飞上玉搔头。";
        for (var i in poetry)
        {
            document.write(poetry[i]+ "<br/>")
        }
</script>
</body>
</html>
```

运行程序，结果如图 3-9 所示。

图 3-9　for…in 循环语句的应用示例

3.3.2　with 语句

有了 with 语句，在存取对象属性和方法时就不用重复指定参考对象了。在 with 语句块中，凡是 JavaScript 不识别的属性和方法都和该语句块指定的对象有关。语法格式如下：

```
with (对象名称){
    语句;
}
```

主要参数介绍如下。
- 对象名称：指定要操作的对象名称。
- 语句：要执行的语句，可直接引用对象的属性名或方法名。

实例 7　使用 with 语句输出商品信息(案例文件：ch03\3.7.html)

创建一个商品对象 goods，并设置 4 个属性，包括商品的名称、产地、价格与数量，然后使用 with 语句输出这些属性的值。代码如下：

```
<!DOCTYPE html>
<html>
<head>
    <style type="text/css">
        *{
            font-size:18px;
            line-height:35px;
            font-weight:bolder;
        }
    </style>
</head>
<body>
<script type="text/javascript">
```

```
    function Goods(name,city,price,number){
        this.name=name;                    //对象的name属性
        this.city = city;                  //对象的city属性
        this.price=price;                  //对象的price属性
        this.number=number;                //对象的number属性
    }
    var goods=new Goods("洗衣机","北京","8900元","1800台");
    with(goods){
        alert("商品名称："+name+"\n 商品产地："+city+"\n 商品价格："+price+"\n 库存数量："+number);
    }
</script>
</body>
</html>
```

运行程序，结果如图 3-10 所示。

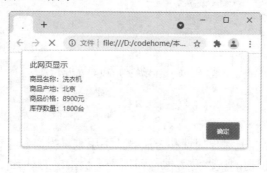

图 3-10 with 语句的应用

3.4　常用内置对象

JavaScript 作为一门基于对象的编程语言，以其简单、快捷的对象操作获得了 Web 应用程序开发者的认可，其内置的几个核心对象，则构成了 JavaScript 脚本语言的基础。

3.4.1　Math(算术)对象

Math 对象的作用是执行常见的算术任务。Math 对象提供了大量的数学常量和数学函数。在使用 Math 对象时，不必使用关键字 new 来创建对象实例，而是直接使用"对象名.成员"的格式来访问其属性和方法。使用 Math 对象的语法如下：

```
Math.[{property|method}]
```

主要参数介绍如下。
- property 为必选项，为 Math 对象的一个属性名。
- method 也是必选项，为 Math 对象的一个方法名。

无需在使用 Math 对象之前对它进行定义。具体应用示例代码如下：

```
var x = Math.PI;              // 返回 PI
var y = Math.sqrt(16);        // 返回 16 的平方根
```

1. Math 对象的属性

Math 对象的属性是数学中常用的常量，Math 对象的属性如表 3-3 所示。

表 3-3　Math 对象的属性

属 性 名	说　明
E	返回算术常量 e，即自然对数的底数(约等于 2.718)
LN2	返回 2 的自然对数(约等于 0.693)
LN10	返回 10 的自然对数(约等于 2.302)
LOG2E	返回以 2 为底的 e 的对数(约等于 0.693)
LOG10E	返回以 10 为底的 e 的对数(约等于 0.434)
PI	返回圆周率(约等于 3.14159)
SQRT1_2	返回 2 的平方根的倒数(约等于 0.707)
SQRT2	返回 2 的平方根(约等于 1.414)

2. Math 对象的方法

Math 对象的方法是数学中常用的函数，如表 3-4 所示。

表 3-4　Math 对象的方法

方 法 名	说　明
abs(x)	返回数的绝对值
acos(x)	返回数的反余弦值
asin(x)	返回数的反正弦值
atan(x)	以介于-PI/2 与 PI/2 弧度之间的数值来返回 x 的反正切值
atan2(y,x)	返回从原点(0,0)到点(x,y)的线段与 x 轴正方向之间的平面角度(弧度值)
ceil(x)	对数进行上舍入
cos(x)	返回数的余弦
exp(x)	返回 e 的指数
floor(x)	对数进行下舍入
log(x)	返回数的自然对数(底为 e)
max(n1,n2…)	返回参数列表中的最大值
mix(n1,n2…)	返回参数列表中的最小值
pow(x,y)	返回 x 的 y 次幂
random()	返回 0～1 之间的随机数
round(x)	把数四舍五入为最接近的整数
sin(x)	返回数的正弦
sqrt(x)	返回数的平方根
tan(x)	返回角的正切

下面以返回两个或多个参数中的最大值或最小值为例,介绍 Math 对象方法的使用。
使用 max()方法可返回指定参数中的较大值,语法格式如下:

```
Math.max(x...)
```

其中,参数 x 为 0 或多个值。返回值为参数中最大的数值。
使用 min()方法可返回指定参数中的最小值,语法格式如下:

```
Math.min(x...)
```

其中,参数 x 为 0 或多个值。返回值为参数中最小的数值。

3.4.2 Date(日期)对象

在 JavaScript 中,Date 对象是一种内置对象,可以使用 Date 对象来实现对日期和时间的控制。如果想在网页中显示计时时钟,就需要使用 Date 对象来获取计算机的当前时间。

1. 创建 Date 对象

在使用 Date 对象处理与日期和时间有关的数据信息之前,需要创建 Date 对象,语法格式如下:

```
dateObj=new Date();
dateObj=new Date(dateVal);
dateObj=new Date(year,month,date[,hours,minutes[,seconds[,ms[[[);
```

Date 对象语法中各参数的说明如表 3-5 所示。

表 3-5 Date 对象语法中各参数的说明

参 数 名	说 明
dateObj	必选项,要赋值为 Date 对象的变量名
dateVal	必选项。如果是数字值,返回从 1970 年 1 月 1 日至今的毫秒数。如果是字符串,常用的格式为"月 日 年 小时:分钟:秒",其中月份用英文表示,其余用数字表示,时间部分可以省略。另外,还可以使用"年/月/日小时:分钟:秒"的格式
year	必选项。完整的年份,比如 2020
month	必选项。表示月份,是 0~11 的整数(1~12 月)
date	必选项。表示日期,是 1~31 之间的整数
hours	可选项。如果提供了 minutes 则必须给出,表示小时,是 0~23 的整数
minutes	可选项。如果提供了 seconds 则必须给出,表示分钟,是 0~59 的整数
seconds	可选项。如果提供了 ms 则必须给出,表示秒数,是 0~59 的整数
ms	可选项。表示毫秒,是 0~999 的整数

2. Date 对象的属性

Date 对象只包含两个属性,分别是 constructor 和 prototype,如表 3-6 所示。

表 3-6 Date 对象的属性及说明

属　　性	描　　述
constructor	返回对创建此对象的 Date 函数的引用
prototype	允许用户向对象添加属性和方法

1) constructor 属性

constructor 属性可以判断一个对象的类型，该属性引用的是对象的构造函数。语法格式如下：

```
object.constructor
```

其中，object 是对象实例的名称，是必选项。

例如，判断当前对象是否为日期对象。代码如下：

```
var mydate=new Date();     //创建当前的日期对象
if(mydate. Constructor==Date);   //判断当前对象是否为日期对象
document.write("日期型对象");    //输出字符串
```

2) prototype 属性

prototype 属性可以为 Date 对象添加自定义的属性或方法。语法格式如下：

```
Date.prototype.name=value
```

参数含义如下。

- name：要添加的属性名或方法名。
- value：添加属性的值或执行方法的函数。

例如，用自定义属性来记录当前的年份。代码如下：

```
var mydate=new Date();        //创建当前的日期对象
Date.prototype.mark=mydate.getFullYear();   //向当前日期对象添加属性值
document.write(mydate.mark);    //输出新添加的属性值
```

3. 日期对象的常用方法

日期对象的方法可分为三组：setXxx、getXxx、toXxx。setXxx 方法用于设置时间和日期值，getXxx 方法用于获取时间和日期值，toXxx 主要是将日期转换成指定格式。Date(日期)对象的方法如表 3-7 所示。

表 3-7 Date 对象的方法

方　　法	描　　述
getDate()	从 Date 对象返回一个月中的某一天(1～31)
getDay()	从 Date 对象返回一周中的某一天(0～6)
getFullYear()	从 Date 对象以四位数字返回年份
getHours()	返回 Date 对象的小时(0～23)
getMilliseconds()	返回 Date 对象的毫秒(0～999)
getMinutes()	返回 Date 对象的分钟(0～59)

续表

方　法	描　述
getMonth()	从 Date 对象返回月份(0~11)
getSeconds()	返回 Date 对象的秒数(0~59)
getTime()	返回 1970 年 1 月 1 日至今的毫秒数
getTimezoneOffset()	返回本地时间与格林尼治标准时间(GMT)的分钟差
getUTCDate()	根据世界时间从 Date 对象返回月中的一天(1~31)
getUTCDay()	根据世界时间从 Date 对象返回周中的一天(0~6)
getUTCFullYear()	根据世界时间从 Date 对象返回四位数的年份
getUTCHours()	根据世界时间返回 Date 对象的小时(0~23)
getUTCMilliseconds()	根据世界时间返回 Date 对象的毫秒(0~999)
getUTCMinutes()	根据世界时间返回 Date 对象的分钟(0~59)
getUTCMonth()	根据世界时间从 Date 对象返回月份(0~11)
getUTCSeconds()	根据世界时间返回 Date 对象的秒钟(0~59)
getYear()	已废弃。请使用 getFullYear()方法代替
parse()	返回 1970 年 1 月 1 日午夜到指定日期(字符串)的毫秒数
setDate()	设置 Date 对象中月的某一天(1~31)
setFullYear()	设置 Date 对象中的年份(四位数字)
setHours()	设置 Date 对象中的小时(0~23)
setMilliseconds()	设置 Date 对象中的毫秒(0~999)
setMinutes()	设置 Date 对象中的分钟(0~59)
setMonth()	设置 Date 对象中的月份(0~11)
setSeconds()	设置 Date 对象中的秒钟(0~59)
setTime()	以毫秒设置 Date 对象
setUTCDate()	根据世界时间设置 Date 对象中月份的一天(1~31)
setUTCFullYear()	根据世界时间设置 Date 对象中的年份(四位数字)
setUTCHours()	根据世界时间设置 Date 对象中的小时(0~23)
setUTCMilliseconds()	根据世界时间设置 Date 对象中的毫秒(0~999)
setUTCMinutes()	根据世界时间设置 Date 对象中的分钟(0~59)
setUTCMonth()	根据世界时间设置 Date 对象中的月份(0~11)
setUTCSeconds()	根据世界时间(UTC)设置指定时间的秒字段
setYear()	已废弃。请使用 setFullYear()方法代替
toDateString()	把 Date 对象的日期部分转换为字符串
toGMTString()	已废弃。请使用 toUTCString()方法代替
toISOString()	使用 ISO 标准返回字符串的日期格式
toJSON()	以 JSON 数据格式返回日期字符串
toLocaleDateString()	根据本地时间格式,把 Date 对象的日期部分转换为字符串
toLocaleTimeString()	根据本地时间格式,把 Date 对象的时间部分转换为字符串

续表

方　法	描　述
toLocaleString()	根据本地时间格式，把 Date 对象转换为字符串
toString()	把 Date 对象转换为字符串
toTimeString()	把 Date 对象的时间部分转换为字符串
toUTCString()	根据世界时间把 Date 对象转换为字符串
UTC()	根据世界时间返回 1970 年 1 月 1 日到指定日期的毫秒数
valueOf()	返回 Date 对象的原始值

应用 Date 对象中的 getMonth()方法获取月份的值要比系统中实际月份的值小 1，因此要想获取正确的月份值，需要 date.getMonth()+1。代码如下：

```
var mydate=new Date();
document.write("现在是："+(date.getMonth()+1)+"月份");  //输出当前月份
```

3.5　就业面试问题解答

面试问题 1：使用 for…in 语句遍历对象属性，为什么不能正确输出数据？

应用 for…in 语句遍历对象属性，在输出属性值时一定要使用数组的形式(对象名[属性名])，不能使用"对象名.属性名"的形式。如果使用"对象名.属性名"的形式，是不能正确输出数据的。

面试问题 2：使用 getMonth()方法获取月份时，为什么不能正确获取？

在使用 getMonth()方法获取月份时，获取的值要比系统中实际月份的值小 1。要想正确获取月份值，需要在用 getMonth()方法获取当前月份的值时加上 1。代码如下：

```
date.getMonth()+1
```

3.6　上机练练手

上机练习 1：使用不同的函数对小数进行处理

运行程序，输入一个小数，如图 3-11 所示。单击"确定"按钮，结果如图 3-12 所示。

图 3-11　输入一个小数

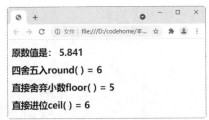

图 3-12　处理小数后的结果

上机练习2：计算当前日期距离明年元旦的天数

使用 Date 对象的方法获取当前日期距离明年元旦的天数。程序运行结果如图 3-13 所示。

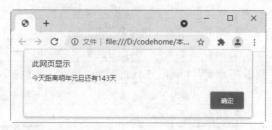

图 3-13　计算当前日期距离明年元旦的天数

第4章

数组对象

　　数组是 JavaScript 中唯一用来存储和操作有序数据集的数据结构,使用数组可以快速、方便地管理一组相关数据。通过运用数组,可以对大量性质相同的数据进行存储、排序、插入及删除等操作,这样提高了程序开发的效率。本章就来介绍 JavaScript 的数组对象及其应用。

4.1 数组介绍

数组对象是使用单独的变量名来存储一系列的值,并且可以用变量名访问任何一个值,数组中的每个元素都有自己的 ID,以便它可以很容易被访问。数据是 JavaScript 的一种复合数据类型。变量中保存单个数据,数组中则保存了多个数据。如果把数组看作一个单行表格,该表格的每一个单元格中都可以存储一个数据,即一个数组中可以包含多个元素,如图 4-1 所示。

| 元素 1 | 元素 2 | 元素 3 | 元素 4 | 元素 5 | … | 元素 n |

图 4-1 数组示意图

数组是数组元素的集合,每个单元格中存放的是数组元素,每个数组元素都有一个索引号(即数组的下标),通过索引号可以方便地引用数组元素。数组的下标需要从 0 开始编号,第一个数组元素的下标是 0,第二个数组元素的下标是 1,以此类推。

4.2 定义数组

数组是具有相同数据类型的数据集合,这些数据都可以通过索引进行访问。数组中的数据称为数组的元素,数组能够容纳元素的数量称为数组的长度。在 JavaScript 中定义数组的主要方法有 4 种。

1. 定义空数组

使用不带参数的构造函数可以定义一个空数组。空数组中是没有数组元素的,不过,可以在定义空数组后再向数组中添加数组元素。语法格式如下:

```
arrayObject=new Array();
```

这里的 arrayObject 为新创建的数组对象名。

2. 指定数组的个数

在定义数组时,可以指定数组元素的个数。此时并没有为数组元素赋值,所有数组元素的值都是 undefined。语法格式如下:

```
arrayObject=new Array(size);
```

主要参数介绍如下。

- arrayObject:必选项,新创建的数组对象名。
- size:设置数组的长度。由于数组的下标是从零开始,因此创建元素的下标将从 0 到 size-1。

3. 指定数组元素

在定义数组的同时可以直接给出数组元素的值。此时,数组的长度就是在括号中给出的数组元素的个数。语法格式如下：

```
arrayObject=new Array(element1, element2, element3,…);
```

主要参数如下。
- arrayObject：必选项，新创建的数组对象名。
- element：存入数组中的元素。使用该语法时必须有一个以上的元素。

4. 直接定义数组

直接定义数组就是将数组元素直接放在一个中括号中，元素与元素之间需要用逗号分隔，语法格式如下：

```
arrayObject=[element1, element2, element3,…];
```

主要参数如下。
- arrayObject：必选项，新创建的数组对象名。
- element：存入数组中的元素。使用该语法时必须有一个以上的元素。

实例1 使用不同的方法定义数组(案例文件：ch04\4.1.html)

```html
<!DOCTYPE html>
<html>
<head></head>
<body>
<script type="text/javascript">
    //定义空数组后添加数组元素
    var fruits=new Array();           //定义一个名称为fruits的空数组
    fruits[0]="香蕉";                  //向数组中添加第1个数组元素
    fruits[1]="葡萄";                  //向数组中添加第2个数组元素
    fruits[2]="苹果";                  //向数组中添加第3个数组元素
    document.write(fruits+ "<br />");
    //指定数组的个数
    var goods=new Array(4);
    goods[0]="洗衣机";
    goods[1]="电视机";
    goods[2]="冰箱";
    goods[3]="空调";
    for (i = 0; i < 4; i++) {
        document.write(goods[i] + "<br />");
    };
    //指定数组元素
    var books=new Array("《红楼梦》","《水浒传》","《西游记》","《三国演义》");
    document.write(books+ "<br />");
    //直接定义数组
    var myArray=["萝卜","菠菜","豆角"];
    for (var i=0; i <= 2; i++){
        document.write( myArray[i]+ "<br />");
    }
</script>
</body>
</html>
```

运行程序，结果如图 4-2 所示。

图 4-2　输出数组的元素值

在定义数组对象时一定要注意不能与已经存在的变量重名，否则就会出现输出的结果与预期结果不一致的情况。

4.3　数 组 属 性

数组对象的属性有三个，常用的是 length 和 prototype 属性，如表 4-1 所示。

表 4-1　数组对象的属性及描述

属　　性	描　　述
constructor	返回创建数组对象的原型函数
prototype	允许向数组对象添加属性或方法
length	设置或返回数组元素的个数

4.3.1　prototype 属性

prototype 属性是所有 JavaScript 对象共有的属性，使用该属性可以为数组对象添加属性和方法。构建一个属性时，所有的数组将被设置属性，它是默认值。构建一个方法时，所有的数组都可以使用该方法。语法格式如下：

```
Array.prototype.name=value
```

使用 Array.prototype 不能单独引用数组，而 Array()对象可以。

实例 2　使用 prototype 属性去掉数组中重复的元素(案例文件：ch04\4.2.html)

```
<!DOCTYPE html>
<html>
<head></head>
```

第 4 章 数组对象

```
<body>
<h3>使用prototype 属性去掉数组中重复的元素</h3>
<script type="text/javascript">
Array.prototype.distinct = function () {
   var a = {}, c = [], l = this.length;
   for (var i = 0; i < l; i++) {
      var b = this[i];
      var d = (typeof b) + b;
      if (a[d] === undefined) {
         c.push(b);
         a[d] = 1;
      }
   }
   return c;
}
var arr = ["苹果","苹果","葡萄","葡萄","香蕉","西瓜"];
document.write("原始数组："+arr+ "<br />");
document.write("去重后的数组："+arr.distinct()+ "<br />");
</script>
</body>
</html>
```

运行程序，结果如图 4-3 示。

图 4-3　prototype 属性的应用

4.3.2　length 属性

使用数组的 length 属性可以计算数组的长度，该属性的作用是指定数组中元素数量是从非零开始的整数。将新元素添加到数组时，此属性会自动更新。语法格式如下：

```
arrayObject.length
```

其中，arrayObject 是数组对象的名称。

实例 3　length 属性在数组中的应用(案例文件：ch04\4.3.html)

创建一个数组对象，然后输出数组对象的长度。最后通过修改数组对象的长度，查看数组是否发生了变化。

```
<!DOCTYPE html>
<html>
<head></head>
<body>
<script type="text/javascript">
   var arr = [100, 200, 300, 400, 500, 600, 888, 999, 777, 666];
```

```
        //定义一个包含 10 个数字的数组
        document.write("原始数组的长度: "+arr.length+ "<br />");
        arr.length = 12;                                //增大数组的长度
                                                        //显示数组的长度已经变为 12
        document.write("更改后数组的长度: "+arr.length+ "<br />");
                                                        //显示第 9 个元素的值,为 777
        document.write("数组的第 9 个元素: "+arr[8]+ "<br />");
        arr.length = 6;        //将数组的长度减少到 6,索引等于或超过 6 的元素被丢弃
        document.write("更改后数组的长度: "+arr.length+ "<br />");
                            //显示第 9 个元素已经变为 undefined
        document.write("数组的第 9 个元素: "+arr[8]+ "<br />");
        arr.length = 10;                               //将数组长度恢复为 10
        document.write("恢复后数组的长度: "+arr.length+ "<br />");
                //虽然长度被恢复为 10,但第 9 个元素却无法收回,显示 undefined
        document.write("数组的第 9 个元素: "+arr[8]+ "<br />");
</script>
</body>
</html>
```

运行程序,结果如图 4-4 所示。

图 4-4 length 属性在数组中的应用

4.4 数组元素操作

数组是数组元素的集合,对数组进行操作时,实际上就是对数组元素进行操作。数组元素的操作主要包括输入、输出、添加和删除。

4.4.1 数组元素的输入

数组元素的输入实际上就是给数组元素赋值,主要方法包括三种,下面分别进行介绍。

1. 在定义数组对象时直接输入数组元素

当确定了数组元素的个数后,可以在定义数组对象时直接输入数组元素。例如,在创建数组对象的同时存入字符串:

```
var myCars=new Array("苹果","香蕉","葡萄");//定义一个包含 3 个数组元素的数组
```

2. 利用数组对象的元素下标向其输入数组元素

该方法是常用的数组元素输入方法,它可以随意地向数组对象中的各元素赋值,或者

修改数组中的任意元素值。例如，创建一个长度为 4 的数组对象后，为下标为 2 和 3 的元素赋值。

```
var myCars=new Array(4);         //定义一个包含 4 个数组元素的数组
myCars[2]="苹果";                 //为下标为 2 的数组元素赋值
myCars[3]="香蕉";                 //为下标为 3 的数组元素赋值
```

3. 利用 for 语句向数组对象中输入数组元素

该方法可以向数组对象批量输入数组元素，一般用于向数组对象赋初值。例如，可以通过改变变量 n 的值，给数组对象赋指定个数的数组元素，其中 n 必须是整数。

```
var n=10;                        //定义变量并对其赋值
var myCars=new Array();          //定义一个空数组
for (var i=0;i<n;i++){           //应用 for 循环语句给数组元素赋值
    myCars[i]=i;
}
```

数组元素的下标是从 0 开始的。

4.4.2 数组元素的输出

数组元素的输出方法有三种，下面分别进行介绍。

1. 使用数组对象名输出所有元素值

这种方法是用创建的数组对象本身显示数组中的所有元素值。例如，输出数组对象 myCars 中的所有元素值。

```
var myCars=new Array("凯迪拉克","宝马","奥迪");  //定义一个包含 3 个数组元素的数组
document.write(myCars);                        //输出数组中的所有元素值
```

运行结果如下：

```
凯迪拉克,宝马,奥迪
```

2. 使用 for 语句获取数组的元素值

该方法是利用 for 语句获取数组对象的所有元素值。例如，获取数组对象 mybooks 的所有元素值。

```
var mybooks=new Array(4);
mybooks[0]="《红楼梦》";
mybooks[1]="《水浒传》";
mybooks[2]="《西游记》";
mybooks[3]="《三国演义》";
for (i=0; i<4;i++){
    document.write(mybooks[i] + "<br />");    //输出数组中的所有元素值
}
```

运行结果如下：

《红楼梦》
《水浒传》
《西游记》
《三国演义》

3．利用下标获取指定元素值

该方法通过数组对象的下标获取指定的元素值。例如，获取数组对象中第 3 个元素的值。

```
var mybooks=new Array("《红楼梦》","《水浒传》","《西游记》","《三国演义》");
//定义数组
document.write(mybooks[2]);          //输出下标为 2 的数组元素值
```

运行结果如下：

《西游记》

注意

使用下标输出指定数组元素值时，一定要注意下标是否正确以及是否超出数组对象的长度。例如，如下一段代码：

```
var mybooks=new Array("《红楼梦》","《水浒传》");    //定义数组
document.write(mybooks[2]);                      //输出变量的值
```

运行结果如下：

undefined

在运行这段代码时，并不会出错，但是定义的数组对象中只有两个元素，这两个元素对应的下标分别是 0 和 1。由于输出的数组元素下标超出了数组的范围，所以输出结果是 undefined。

4.4.3　数组元素的添加

数组对象的元素个数即使在定义时已经设置好，但是它的元素个数也不是固定的，可以通过添加数组元素的方法来增加数组元素的个数。添加数组元素的方法非常简单，只要对数组元素进行重新赋值就可以了。

例如，定义一个包含两个数组元素的数组对象 mybooks，然后为数组再添加两个元素，最后输出数组中的所有元素值。

```
var mybooks=new Array("《红楼梦》","《水浒传》");    //定义包含两个数组元素的数组
mybooks[2]="《西游记》";
mybooks[3]="《三国演义》";
document.write(mybooks);                          //输出所有数组元素
```

运行结果如下：

《红楼梦》,《水浒传》,《西游记》,《三国演义》

另外，还可以对已经存在的数组元素进行重新赋值。例如，定义一个包含两个元素的数组，将第二个数组元素进行重新赋值并输出数组中的所有元素值。

```
var mybooks=new Array("《红楼梦》","《水浒传》");    //定义包含两个数组元素的数组
mybooks[1]="《西游记》";
document.write(mybooks);                            //输出所有数组元素
```

运行结果如下:

《红楼梦》,《西游记》

4.4.4 数组元素的删除

使用 delete 运算符可以删除数组元素的值,但是只能将该元素恢复为未赋值的状态,即 undefined,数组对象的元素个数是不改变的。

例如,定义一个包含 4 个元素的数组,然后使用 delete 运算符删除下标为 2 的数组元素,最后输出数组的所有元素。

```
//定义数组
var mybooks=new Array("《红楼梦》","《水浒传》","《西游记》","《三国演义》");
delete mybooks[2];
document.write(mybooks);                //输出所有数组元素
```

运行结果如下:

《红楼梦》,《水浒传》,undefined,《三国演义》

4.5 数组的方法

在 JavaScript 中,数据对象的方法有 25 种,常用的方法有连接 concat、连接 join、追加 push、倒转 reverse、切片 slice 等,如表 4-2 所示。

表 4-2 数组对象的方法及描述

方法	描述
concat()	连接两个或更多的数组,并返回结果
copyWithin()	从数组的指定位置拷贝元素到数组的另一个指定位置
every()	检测数组中的每个元素是否都符合条件
fill()	使用一个固定值来填充数组
filter()	返回数组中符合一定条件的元素
find()	返回符合传入测试(函数)条件的数组元素
findIndex()	返回符合传入测试(函数)条件的数组元素索引
forEach()	对每个元素都执行一次回调函数
indexOf()	搜索数组元素,返回它所在的位置
join()	把数组的所有元素放入一个字符串
lastIndexOf()	返回一个指定的字符串值最后出现的位置,在一个字符串的指定位置从后向前搜索

续表

方法	描述
map()	通过指定函数处理数组的每个元素，返回处理后的数组
pop()	删除数组的最后一个元素并返回删除的元素
push()	向数组的末尾添加一个或更多元素，并返回新的长度
reduce()	将数组元素计算为一个值(从左到右)
reduceRight()	将数组元素计算为一个值(从右到左)
reverse()	反转数组的元素顺序
shift()	删除并返回数组的第一个元素
slice()	选取数组的一部分，返回一个新数组
some()	检测数组元素中是否有元素符合指定条件
sort()	对数组的元素进行排序
splice()	从数组中添加或删除元素
toString()	把数组转换为字符串，并返回结果
toLocalString()	把数组转换为本地字符串，并返回结果
unshift()	向数组的开头添加一个或更多元素，并返回新的长度
valueOf()	返回数组对象的原始值

这些方法主要用于数组对象的操作，下面详细介绍常用的数组对象方法。

4.5.1 连接两个或更多的数组

使用 concat()方法可以连接两个或多个数组。该方法不会改变现有的数组，仅仅会返回被连接数组的一个副本。语法格式如下：

```
arrayObject.concat(array1,array2,…,arrayN)
```

主要参数介绍如下。
- arrayObject：必选项，数组对象的名称。
- arrayN：必选项，该参数可以是具体的值，也可以是数组对象，而且可以是任意多个。

注意　　连接多个数组后，其返回值是一个新的数组，而原有数组中的元素和数组长度不变。

例如，在数组的尾部添加数组元素。

```
var myNumber=new Array(1,2,3,4,5);            //定义数组
document.write(myNumber.concat(6,7));
```

输出的结果为：

```
1,2,3,4,5,6,7
```

实例 4　使用 concat()方法连接三个数组(案例文件：ch04\4.4.html)

创建三个数组对象，然后使用 concat()方法连接这三个数组，并返回连接后的结果。

```
<!DOCTYPE html>
<html>
<head></head>
<body>
<script type="text/javascript">
   var arr = new Array(2);
   arr[0] = "西瓜";
   arr[1] = "葡萄";
   var arr2 = new Array(2);
   arr2[0] = "苹果";
   arr2[1] = "香蕉";
   var arr3 = new Array(2);
   arr3[0] = "柚子";
   arr3[1] = "橘子";
   document.write(arr.concat(arr2,arr3))
</script>
</body>
</html>
```

运行程序，结果如图 4-5 所示。

图 4-5　连接数组

4.5.2　将指定数值添加到数组

使用 push()方法可向数组的末尾添加一个或多个元素，并返回新的数值长度。语法格式如下：

```
arrayObject.push(newelement1,newelement2,...,newelementN)
```

主要参数介绍如下。
- arrayObject：必选项，数组对象的名称。
- newelement1：必选项，要添加到数组的第一个元素。
- newelement2：可选项，要添加到数组的第二个元素。
- newelementN：可选项，可添加的多个元素。

将指定的数值添加到数组中，其返回值是把指定的值添加到数组后的新长度。push()方法可把它的参数按顺序添加到 arrayObject 的尾部，它直接修改 arrayObject，而不是创建一个新的数组。

实例 5　使用 push()方法将指定数值添加到数组(案例文件：ch04\4.5.html)

```
<!DOCTYPE html>
<html>
<head></head>
<body>
<script type="text/javascript">
    var goods = ["洗衣机", "冰箱", "空调"];
    document.write("原始数组："+ goods);
    document.write("<br />");
    document.write("添加元素后数组的长度："+ goods.push("电视机"));
    document.write("<br />");
    document.write("添加元素后的数组："+ goods);
</script>
</body>
</html>
```

运行程序，结果如图 4-6 所示。

图 4-6　将指定数值添加到数组

4.5.3　添加数组首元素

使用 unshift()方法可以将指定的元素插入数组的开始位置，并返回该数组的长度。语法格式如下：

```
arrayObject.unshift(newelement1,newelement2,...,newelementN)
```

主要参数介绍如下。
- arrayObject：必选项，数组对象的名称。
- newelement1：必选项，要添加到数组的第一个元素。
- newelement2：可选项，要添加到数组的第二个元素。
- newelementN：可选项，可添加的多个元素。

实例 6　使用 unshift()方法在数组开头添加数组元素(案例文件：ch04\4.6.html)

创建一个数组对象，然后使用 unshift()方法在数组开头添加数组元素。

```
<!DOCTYPE html>
<html>
<head></head>
<body>
<script type="text/javascript">
    var arr = new Array();
    arr[0] = "西红柿";
    arr[1] = "菠菜";
    arr[2] = "辣椒";
```

```
        document.write("原有数组元素为: "+arr + "<br />");
        document.write("添加元素后数组的长度: "+arr.unshift("芹菜") + "<br />");
        document.write("添加元素后的数组元素: "+arr);
    </script>
</body>
</html>
```

运行程序，结果如图 4-7 所示。

图 4-7　在数组开头添加数组元素

4.5.4　移除数组中的最后一个元素

使用 pop()方法可以移除数组中的最后一个元素，并返回删除元素的值。语法格式如下：

`arrayObject.pop()`

参数 arrayObject 为必选项，表示数组对象的名称。

　　pop()方法将移除 arrayObject 的最后一个元素，把数组长度减 1，并返回被移除的元素。如果数组已经为空，则 pop()不改变数组，并返回 undefined 值。

实例 7　使用 pop()方法移除数组中的最后一个元素(案例文件：ch04\4.7.html)

```
<!DOCTYPE html>
<html>
<head></head>
<body>
<script type="text/javascript">
    var goods = ["洗衣机", "电视机", "冰箱", "空调"];
    document.write("数组中原有元素: "+ goods);
    document.write("<br />");
    document.write("被移除的元素: "+ goods.pop());
    document.write("<br />");
    document.write("移除元素后的数组元素: "+ goods);
</script>
</body>
</html>
```

运行程序，结果如图 4-8 所示。

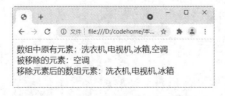

图 4-8　移除数组中的最后一个元素

4.5.5 删除数组中的第一个元素

使用 shift()方法可以把数组中的第一个元素删除,并返回被删除的元素。语法格式如下:

```
arrayObject.shift()
```

参数 arrayObject 为必选项,表示数组对象的名称。

 如果数组是空的,那么 shift()方法将不进行任何操作,返回 undefined 值。该方法不创建新数组,而是直接修改原数组。

实例 8 使用 shift()方法删除数组中的第一个元素(案例文件:ch04\4.8.html)

创建一个数组对象,然后使用 shift()方法删除数组的第一个元素。

```
<!DOCTYPE html>
<html>
<head></head>
<body>
<script type="text/javascript">
    var goods=["电视机","冰箱","空调","洗衣机"];
    document.write("原有数组元素为: "+ goods);
    document.write("<br />");
    document.write("删除数组中的第一个元素为: "+ goods.shift());
    document.write("<br />");
    document.write("删除元素后的数组为: "+ goods)
</script>
</body>
</html>
```

运行程序,结果如图 4-9 所示。

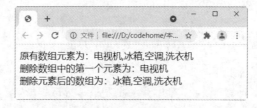

图 4-9 删除数组中的第一个元素

4.5.6 删除数组中的指定元素

使用 splice()方法可以灵活地删除数组中的指定元素,即通过 splice()方法删除数组中指定位置的元素,还可以向数组的指定位置添加新元素。语法格式如下:

```
arrayObject.splice(start,length,element1,element2,…)
```

主要参数介绍如下。
- arrayObject:必选项,数组对象的名称。
- start:必选项,指定要删除数组元素的开始位置,即数组的下标。

- length：可选项，指定删除数组元素的个数。如果未设置该参数，则删除从 start 开始到原数组末尾的所有元素。
- element：可选项，要添加到数组的新元素。

实例 9 使用 splice()方法删除数组中的指定元素(案例文件：ch04\4.9.html)

创建一个数组对象，然后在 splice()方法中应用不同的参数，对数组中的元素进行删除操作。

```
<!DOCTYPE html>
<html>
<head></head>
<body>
<script type="text/javascript">
    var fruits01=["香蕉","橘子","苹果","火龙果","香梨"];    //定义数组
    fruits01.splice(1);                      //删除第 2 个元素和之后的所有元素
    document.write(fruits01+"<br/>");         //输出删除后的数组
    var fruits02=["香蕉","橘子","苹果","火龙果","香梨"];    //定义数组
    fruits02.splice(1,2);                    //删除第 2 个与第 3 个元素
    document.write(fruits02+"<br/>");         //输出删除后的数组
    var fruits03=["香蕉","橘子","苹果","火龙果","香梨"];    //定义数组
    fruits03.splice(1,2,"山竹","葡萄");       //删除第 2 个与第 3 个元素，并添加新元素
    document.write(fruits03+"<br/>");         //输出删除后的数组
    var fruits04=["香蕉","橘子","苹果","火龙果","香梨"];    //定义数组
    fruits04.splice(1,0,"山竹","葡萄");       //在第 2 个元素前添加新元素
    document.write(fruits04+"<br/>");         //输出删除后的数组
</script>
</body>
</html>
```

运行程序，结果如图 4-10 所示。

图 4-10 删除数组中的指定元素

4.5.7 反序排列数组元素

使用 reverse()方法可以颠倒数组中元素的顺序。语法格式如下：

`arrayObject.reverse()`

参数 arrayObject 为必选项，表示数组对象的名称。

 提示　该方法会改变原来数组元素的顺序，而不会创建新的数组。

实例10 使用reverse()方法反序排列数组中的元素(案例文件：ch04\4.10.html)

创建一个数组对象，然后使用reverse()方法反序排列数组中的元素，并输出排序后的数组元素。

```
<!DOCTYPE html>
<html>
<head></head>
<body>
<script type="text/javascript">
    var goods = ["洗衣机", "冰箱", "空调", "电视机"];
    document.write("数组原有元素的顺序："+goods + "<br />");
    document.write("颠倒数组元素的顺序："+goods.reverse());
</script>
</body>
</html>
```

运行程序，结果如图4-11所示。

图4-11 反序排列数组的元素

4.5.8 对数组元素进行排序

使用sort()方法可以对数组的元素进行排序，可以按字母或数字排序，可按升序或降序排序，默认排序顺序为按字母升序。语法格式如下：

`arrayObject.sort(sortby)`

主要参数介绍如下。
- arrayObject：必选项，数组对象的名称。
- sortby：可选项，用来确定元素顺序的函数名称，如果这个参数被省略，那么元素将按照ASCII字符顺序进行升序排序。

实例11 使用sort()方法排序数组中的元素(案例文件：ch04\4.11.html)

创建一个数组对象x并赋值100、800、300、500、600、900，然后使用sort()方法排列数组中的元素，并输出排序后的数组元素。

```
<!DOCTYPE html>
<html>
<head></head>
<body>
<script type="text/javascript">
    var x=new Array(100、800、300、500、600、900);          //创建数组
    document.write("排序前数组:"+x.join(",")+"<p>");         //输出数组元素
    x.sort();               //按字符升序排列数组
```

```
                              //输出排序后的数组
    document.write("按照 ASCII 字符顺序进行排序:"+x.join(",")+"<p>");
    x.sort(asc);           //有比较函数的升序排列
    /*升序比较函数*/
    function asc(a,b)
    {
        return a-b;
    }
    document.write("升序排序后的数组:"+x.join(",")+"<p>");  //输出排序后的数组
    x.sort(des);           //有比较函数的降序排列
    /*降序比较函数*/
    function des(a,b)
    {
        return b-a;
    }
    document.write("降序排序后的数组:"+x.join(","));        //输出排序后的数组
</script>
</body>
</html>
```

运行程序，结果如图 4-12 所示。

图 4-12　排序数组元素

注意

当数字是按 ASCII 字符顺序排列时，有些比较大的数字会在小的数字前，例如"2"将排在"100"的前面。对数字进行排序时，需要通过一个函数作为参数来调用，函数指定数字是按照升序还是降序排列，这种方法会改变原始数组。

4.5.9　获取数组的部分数据

使用 slice() 方法可从已有的数组中返回选定的元素。语法格式如下：

`arrayObject.slice(start,end)`

主要参数介绍如下。
- arrayObject：必选项，数组对象的名称。
- start：必选项，表示开始元素的位置，是从 0 开始计算的索引。如果是负数，那么它规定从数组尾部开始算起的位置。也就是说，-1 指数组的最后一个元素，-2 指数组的倒数第二个元素，以此类推。
- end：可选项，表示结束元素的位置，也是从 0 开始计算的索引。

实例 12 使用 slice()方法获取数组的部分数据(案例文件：ch04\4.12.html)

创建一个数组对象，然后使用 slice()方法获取数组的部分数据。

```html
<!DOCTYPE html>
<html>
<head></head>
<body>
<script type="text/javascript">
    var goods = ["洗衣机", "冰箱", "电视机", "空调", "电脑", "电饭煲"];
    document.write("原有数组元素: "+ goods);
    document.write("<br />");
    document.write("获取数组中第 4 个元素后的所有元素: "+ goods.slice(3));
    document.write("<br />");
    document.write("获取数组中第 2 个到第 4 个元素: "+ goods.slice(1,4));
    document.write("<br />");
    document.write("获取数组中倒数第 3 个元素后的所有元素: "+ goods.slice(-3));
</script>
</body>
</html>
```

运行程序，结果如图 4-13 所示。

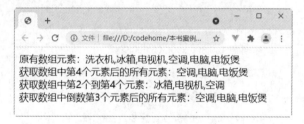

图 4-13　获取数组的部分元素

4.5.10　将数组元素连接为字符串

使用 join()方法可以把数组中的所有元素放入一个字符串。语法格式如下：

`arrayObject.join(separator)`

主要参数介绍如下。

- arrayObject：必选项，数组对象的名称。
- separator：可选项，用于指定要使用的分隔符，如果省略该参数，则使用逗号作为分隔符。

实例 13 使用 join()方法将数组元素连接为字符串(案例文件：ch04\4.13.html)

创建一个数组对象，然后使用 join()方法将数组元素连接为字符串并输出。

```html
<!DOCTYPE html>
<html>
<head></head>
<body>
<h4>将数组元素连接为字符串</h4>
<script type="text/javascript">
```

```
    var arr = new Array(3);
    arr[0] = "洗衣机";
    arr[1] = "电视机";
    arr[2] = "空调";
    document.write(arr.join());
    document.write("<br />");
    document.write(arr.join("*"));
</script>
</body>
</html>
```

运行程序，结果如图 4-14 所示。

图 4-14　将数组元素连接为字符串

4.6　就业面试问题解答

面试问题 1：如何将数组转换成字符串？

使用 toString()方法可以把数组转换为字符串，并返回结果。语法格式如下：

```
arrayObject.toString()
```

使用 toLocaleString()方法可以把数组转换为本地字符串。语法格式如下：

```
arrayObject.toLocaleString()
```

参数 arrayObject 为必选项，指数组对象的名称。

首先调用每个数组元素的 toLocaleString()方法，然后使用特定的分隔符把生成的字符串连接起来，形成一个字符串。

面试问题 2：如何去除数组中重复的元素？

去除数组中重复元素的思路如下：

（1）将原数组进行排序。

（2）检查原数组中第 i 个元素与结果数组的最后一个元素是否相同，因为已经排序，所以重复元素会在相邻位置。

（3）如果不相同，则将该元素存入结果数组中。

4.7 上机练练手

上机练习 1：去除数组中重复的元素

创建了一个数组对象[100, 'apple', 'apple', 'bcd', 'def', '200', '200', 100, 800]，根据所学知识去除数组中重复的元素，程序运行结果如图 4-15 所示。

上机练习 2：分别以字母和数字顺序排序数组

创建一个数组对象[100,122, 100,66, 88, 208, 290, 360, 480]，然后分别以字母和数字顺序排列数组，程序运行结果如图 4-16 所示。单击"按字母顺序"按钮，结果如图 4-17 所示。单击"按数字顺序"按钮，结果如图 4-18 所示。

图 4-15　去除数组中重复的元素　　　　图 4-16　原始数组

图 4-17　以字母顺序排序数组　　　　图 4-18　以数字顺序排序数组

第 5 章

JavaScript 表单对象

　　表单是一个能够包含表单元素的区域，通过添加不同的表单元素，将显示不同的效果。表单对象是文档对象的 forms 属性，它可以返回一个数组，数组的每个元素都是一个表单对象。通过表单对象可以实现输入文字、选择选项和提交数据等功能。本章就来介绍 JavaScript 表单对象的应用。

5.1 认识表单对象

下面来学习表单对象的属性和基本操作，包括常见的表单对象的属性、访问表单的方式和访问表单元素。

5.1.1 表单对象的属性

表单对象的属性与表单元素的属性相关，常用属性有 name、method、action、target 等。

1. name 属性

表单的名称，可以在不命名的情况下使用表单，但是为了方便在 JavaScript 中使用表单，需要为其指定一个名称。

2. method 属性

一个可选的属性，用于指定 form 提交(把客户端表单的信息发送给服务器的动作称为提交)的方法。如果用户不指定 form 的提交方法，默认的提交方法是 post。表单提交的方法有 get 和 post 两种。

 使用 get 方法提交表单需要注意 URL 的长度应限制在 8192 个字符以内。如果发送的数据量太大，数据将被截断，从而导致意外或失败的处理结果。因此，如果传输的数据量过大，提交 form 时不能使用 get 方法。

3. action 属性

用于指定表单处理程序的 URL 地址，内容可以是某个处理程序或页面(还可以使用"#"代替 action 的值，指明当前 form 的 action 就是其本身)。需要注意的是，action 属性的值必须包含具体的网络路径。例如，指定当前页面 action 为 check 下的 userCheck.html，其方法为<form action="/check/userCheck.html">。

4. target 属性

用于指定当前 form 提交后，目标文档的显示方法。target 属性是可选的，有 4 个值。如果用户没有指定 target 属性的值，target 的默认值为_self。
- _blank：在未命名的新窗口中打开目标文档。
- _parent：在显示当前文档的窗口的父窗口中打开目标文档。
- _self：在提交表单所使用的窗口中打开目标文档。
- _top：在当前窗口内打开目标文档，确保目标文档占用整个窗口。

5. elements 属性

该属性以数组的形式返回表单中的所有元素，且数组元素的下标按元素载入顺序分配。

5.1.2 访问表单的方式

一个 HTML 文档可能包含多个表单标签<form>，JavaScript 会为每个<form>标签创建一个表单对象，并将这些表单对象存放在 forms[]数组中。在操作表单元素之前，首先应当确定要访问的表单。

JavaScript 主要有三种访问表单的方式，分别如下：
- 通过 document.forms[]按编号访问，例如 document.forms[1]。
- 通过 document.formname 按名称访问，例如 document.form1。
- 在支持 DOM 的浏览器中，使用 document.getElementById()。

例如，定义一个表单的代码如下：

```
<form method="post" name="myForm1">
    <label for="name">用户名:</label><input type="text" name="name" id="name"> <br>
    <label for="passwd">密码:</label><input type="password" name="passwd" id="passwd"><br>
    <input type="submit" name="btnSubmit" id="btnSubmit" value="登录">
    <input type="reset" name="btnReset" id="btnReset" value="取消">
</form>
```

对于上述表单，用户可以使用 document.forms[0]、document.myForm1、document.getElementById('myForm1')三种方式之一来访问。

5.1.3 访问表单元素

一个表单中可以包含多个表单元素。在 JavaScript 中，访问表单元素也有三种方式，分别如下：
- 通过 elements[]按表单元素的编号进行访问，例如 document.form1.elements[1]。
- 通过 name 属性按表单元素的名称访问，例如 document.form1.text1。
- 在支持 DOM 的浏览器中，使用 document.getElementById("elementID")来定位要访问的表单元素。

例如，定义一个表单的代码如下：

```
<form method="post" name="myForm1">
    用户名:<input type="text" name="name" id="name"> <br>
    密码: <input type="password" name="passwd" id="passwd"><br>
    <input type="submit" name="btnSubmit" id="btnSubmit" value="登录">
    <input type="reset" name="btnReset" id="btnReset" value="取消">
</form>
```

对于上述表单，用户可以使用 document.myForm1.elements[0]来访问第一个表单元素。也可以使用名称来访问表单元素，例如 document.myForm1.passwd，还可以使用表单元素的 id 来定位表单元素，例如 document.getElementById("btnSubmit")。

虽然上述这几种方法都可以访问表单中的元素，但比较常用的还是使用 document.getElementById()方法来定位表单元素的 id，因为页面中元素的 id 是唯一的。

5.2 表单元素的应用

表单是实现网站互动功能的重要组成部分,使用表单可以收集客户端提交的相关信息。本节就来介绍表单对象中几种常见表单元素的应用。

5.2.1 设置文本框

在 HTML 中,文本框是用来记录用户输入信息的元素,也是最常用的表单元素。使用文本框可以输入姓名、地址、密码等信息。文本框有单行文本框、多行文本框、密码文本框等多种。

1. 文本框的属性

无论哪一种文本框,其属性大多数是相同的,常用的文本框属性如表 5-1 所示。

表 5-1 文本框的属性

属 性 名	说 明
id	返回或设置文本框的 id 属性值
name	返回或设置文本框的名称
value	返回或设置文本框中显示的文本,即文本框的值
type	返回文本框的类型
cols	返回或设置多行文本框的宽度,单位是单个字符宽度
rows	返回或设置多行文本框的高度,单位是单个字符高度
maxlength	返回或设置单行文本框最多输入的字符数

2. 文本框的方法

文本框的方法大多与文本框中的文本相关,不论哪一种类型的文本框,它们的方法大多数是相同的,常用的文本框方法如表 5-2 所示。

表 5-2 文本框的方法

方 法 名	说 明
click	可以模拟文本框被鼠标单击
blur	将焦点从文本框中移开
focus	将焦点赋给文本框
select	选中文本框中的文字

3. 限制文本框输入字符的个数

在文本框中输入字符时,可以通过设置文本框的长度来限制输入的字符个数。其中,单行文本框和密码框可以通过自身的 maxLength 属性来限制用户输入字符的个数。例如,控制 id 为 user 的单行文本框中允许输入的字符数不超过 10，代码如下：

```
<input type="text" id="user" class="txt" maxlength="10"/>
```

在多行文本框中没有 maxLength 属性，不能使用这种方法来限制输入的字符数，因此需要自定义这样的属性来控制输入字符的个数。例如，设置多行文本框最多允许输入的字符个数为 50，代码如下：

```
<textarea id="msg" name="message" rows="3" maxlength="50"
onkeypress="return contrlString(this);"></textarea>
```

这里自定义了多行文本框最多允许输入的字符个数为 50，并设置了 onkeypress 事件的值为自定义的 contrlString() 函数的返回值，即键盘按键被按下并释放时会获得 contrlString() 函数的返回值，代码如下：

```
function contrlString(objTxtArea){
    return objTxtArea.value.length<objTxtArea.getAttribute("maxlength");
}
```

该方法返回当前多行文本框中的字符个数与自定义字符个数的比较结果，如果小于自定义的字符个数则返回 true，否则返回 false，使用户不能再输入字符。

实例 1 限制留言板中文本框的字符个数(案例文件：ch05\5.1.html)

创建一个简单的留言板页面，规定用户名文本框不能超过 10 个字符，留言区域中多行文本框不超过 50 个字符。

```
<!DOCTYPE html>
<html>
<head>
    <style>
        form{
            padding:0px;
            margin:0px;
            background:#CCFFFF;
            font:15px Arial;
        }
        input.txt{                              /* 文本框单独设置 */
            border: 1px inset #00008B;
            background-color: #ADD8E6;
        }
        input.btn{                              /* 按钮单独设置 */
            color: #00008B;
            background-color: #ADD8E6;
            border: 1px outset #00008B;
            padding: 1px 2px 1px 2px;
        }
    </style>
    <script type="text/javascript">
        function LessThan(oTextArea){
            //返回文本框字符个数是否符合要求的 boolean 值
            return oTextArea.value.length < oTextArea.getAttribute("maxlength");
        }
```

```html
    </script>
</head>
<body>
<form method="post" name="myForm1">
    <p><label for="name">请输入您的姓名:</label>
        <input type="text" name="name" id="name" class="txt" value="姓名" maxlength="10"></p>
    <p><label for="comments">我要留言:</label><br>
        <textarea name="comments" id="comments" cols="40" rows="4" maxlength="50" onkeypress="return LessThan(this);"></textarea></p>
    <p><input type="submit" name="btnSubmit" id="btnSubmit" value="提交" class="btn">
        <input type="reset" name="btnReset" id="btnReset" value="重置" class="btn"></p>
</form>
</body>
</html>
```

运行程序，结果如图 5-1 所示。在输入字符时，当用户名的字符数超过 10 后就不能再输入字符了，留言框的字符数超过 50 后也不能再输入字符了(回车键也算一个字符)。

图 5-1 控制用户输入字符个数

5.2.2 设置按钮

在 HTML 中，按钮可分为三种，分别为普通按钮、重置按钮和提交按钮。从功能上来说，普通按钮通常用来调用函数，提交按钮用来提交表单，重置按钮用来重置表单。这三种按钮虽然功能上有所不同，但是它们的属性和方法是相同的。

1. 按钮的属性

无论是哪一种按钮，其属性大多是相同的，常用的属性如表 5-3 所示。

表 5-3 按钮的属性

属 性 名	说　　明
id	返回或设置按钮的 id 属性值
name	返回或设置按钮的名称
value	返回或设置按钮上显示的文本，即按钮的值
type	返回按钮的类型

2. 按钮的方法

无论是哪一种按钮，它们的方法都是相同的，常用的方法如表 5-4 所示。

表 5-4 按钮的方法

方 法 名	说　　明
click	模拟按钮被鼠标单击
blur	将焦点从按钮中移开
focus	将焦点赋给按钮

在 HTML 中，还可以使用图像按钮，这样可以使网页看起来更美观。创建图像按钮有多种方法，经常使用的方法是为一个图片加上链接，并附加一个 JavaScript 编写的触发器。代码如下：

```
<a href="JavaScript:document.Form1.submit();">
<img src="1.gif" width="55" height="21" border="0" alt="Submit">
</a>
```

实例 2 获取表单元素的值(案例文件：ch05\5.2.html)

在 Web 页面中，经常需要填写一些动态表单。当用户单击相应的按钮时就会提交表单，这时程序需要获取表单内容。创建一个学生注册页面，当单击"提交"按钮后，弹出一个信息提示框，显示学生注册信息。

```
<!DOCTYPE html>
<html>
<head>
    <script type="text/javascript">
    var msg="\n学生信息 :\n\n";
    //获取学籍注册信息
    function AlertInfo()
    {
        var nameTemp;
        var sexTemp;
        var classTemp;
        var numTemp;
        //获取"姓名"字段信息
        nameTemp=document.getElementById("MyName").value;
        //获取"性别"字段信息
        sexTemp=document.getElementById("MySex").value;
        //获取"年级"单选框的选中状态
        classTemp=document.getElementById("MyClass").value;
        //获取"学号"字段信息
        numTemp=document.getElementById("MyNum").value;
        //输出相关信息
        msg+="        姓名 : "+nameTemp+"\n";
        msg+="        性别 : "+sexTemp+"\n";
        msg+="        年级 : "+classTemp+"\n";
        msg+="        学号 : "+numTemp+"              \n\n";
        msg+="提示信息 : \n";
        msg+="确定输入的信息无误后,单击[确定]按钮提交!\n";
```

```
            alert(msg);
            return true;
        }
    </script>
</head>
<body>
    <p>学生基本信息</p>
    <form name="MyForm" method="POST" action="1.asp" onsubmit="return AlertInfo()">
        姓名：<input type="text" name="MyName" id="MyName" ><br>
        性别：<input type="text" name="MySex" id="MySex" ><br>
        年级：<input type="text" name="MyClass" id="MyClass" ><br>
        学号：<input type="text" name="MyNum" id="MyNum" ><br>
        <p>
            <input type="submit" value="提交">
            <input type="reset" value="重置">
        </p>
    </form>
</body>
</html>
```

运行程序，结果如图 5-2 所示。在该页面中单击"提交"按钮，即可看到包含当前学生信息的提示框，如图 5-3 所示。

图 5-2　学生信息页面

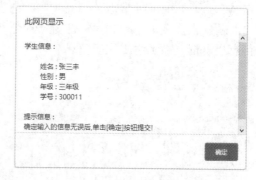

图 5-3　提交表单前的提示信息

5.2.3　设置单选按钮

在 HTML 中，单选按钮用标签<input type="radio">表示，主要用于在表单中进行单项选择。单项选择的实现是通过对多个单选按钮设置同样的 name 属性值和不同的选项值完成的。例如，使用两个单选按钮，设置这两个控件的 name 值均为 sex，选项值一个为女，一个为男，从而实现从性别男女中选择一个的单选功能。

1. 单选按钮的属性

单选按钮有一个重要的布尔属性 checked，用来设置或者返回单选按钮的状态。单选按钮还有其他的属性，表 5-5 所示为单选按钮的属性。

　　　　如果为一个单选按钮组中的多个选项设置了 checked 属性，那么只有最后一个设置 checked 属性的选项被选中。

表 5-5 单选按钮的属性

属 性 名	说 明
id	返回或设置单选按钮的 id 属性值
name	返回或设置单选按钮的名称
value	返回或设置单选按钮的值
length	返回一组单选按钮所包含元素的个数
checked	返回或设置单选按钮是否处于选中状态，该属性值为 true 时，单选按钮处于被选中状态；该属性值为 false 时，单选按钮处于未选中状态
type	返回单选按钮的类型

2. 单选按钮的方法

单选按钮常用的方法有三种，如表 5-6 所示。

表 5-6 单选按钮的方法

方 法 名	说 明
click	模拟单选按钮被鼠标单击
blur	将焦点从单选按钮中移开
focus	将焦点赋给单选按钮

实例 3 使用单选按钮完成调查表(案例文件：ch05\5.3.html)

创建一个用户调查页面，使用单选按钮来调查网友对自己工作的满意度。默认网友的选择为"比较满意"，单击"查看评价结果"按钮，弹出一个对话框，显示网友当前的选择。

```html
<!DOCTYPE html>
<html>
<head>
    <script type="text/javascript">
        function getResult(){
            var objRadio = document.form1.jobView;
            for (var i = 0; i < objRadio.length; i++) {
                if (objRadio[i].checked) {
                    myView = objRadio[i].value;
                    alert("请您对我当前的工作进行评价："+myView);
                }
            }
        }
    </script>
</head>
<body>
<form id="form1" method="post" action="regInfo.aspx" name="form1">
    请您对我当前的工作进行评价：
    <p>
        <input type="radio" name="jobView" id="most" value="非常满意" />
```

```html
        <label for="most">非常满意</label>
    </p>
    <p>
        <input type="radio" name="jobView" id="more" checked="checked" value="比较满意" />
        <label for="more">比较满意</label>
    </p>
    <p>
        <input type="radio" name="jobView" id="satisfied" value="满意" />
        <label for="satisfied">满意</label>
    </p>
    <p>
        <input type="radio" name="jobView" id="dissatisfied" value="不满意" />
        <label for="dissatisfied">不满意</label>
    </p>
    <p>
        <input type="radio" name="jobView" id="less" value="比较不满意"/>
        <label for="less">比较不满意</label>
    </p>
    <p>
        <input type="radio" name="jobView" id="least" value="非常不满意" />
        <label for="least">非常不满意</label>
    </p>
    <p>
        <input type="submit" name="btnSubmit" id="btnSubmit" value="提交"/>
        <input type="reset" name="btnSubmit" id="btnSubmit" value="重置" />
    </p>
    <p>
        <input type="button" name="btn" value="查看评价结果" onclick="getResult();" />
    </p>
</form>
</body>
</html>
```

运行程序，如图 5-4 所示。选择"满意"单选按钮，单击"查看评价结果"按钮，在弹出的信息提示框中可以看到当前的选择结果，如图 5-5 所示。

图 5-4　设置单选按钮

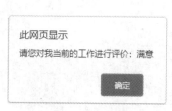

图 5-5　信息提示框

可以看到，这里使用了单选按钮的 id、name 和 value 属性，几个按钮的 name 属性值相同，而 id 用于标识该按钮的唯一性。

 这里介绍一下<label>标签的 for 属性，该属性用来和表单进行关联。在上述实例中，用户单击按钮旁边的文字就可以选中按钮，因为<label>标签的 for 属性把按钮和标签关联在了一起。需要注意的是，for 属性的值只能是<label>标签要关联的表单元素的 id 值。

5.2.4 设置复选框

复选框用标签<input type="checkbox">表示，它和单选按钮一样，都用于在表单中进行选择。不同的是，单选按钮只能选中一项，而复选框可以同时选中多项。在设计网页时，为了方便用户使用，常常会在一组复选框下面添加全选、全不选和反选按钮。复选框的属性和方法与单选按钮的基本一样，这里不再重述。

实例 4 使用复选框完成调查表(案例文件：ch05\5.4.html)

创建一个用户调查页面，使用复选框来完成娱乐方式的调查，同时提供全选、全不选和反选按钮。

```
<!DOCTYPE html>
<html>
<head>
    <script type="text/javascript">
        /*全选*/
        function checkAll() {
            var objCheckbox=document.form1.getFun;
            for (var i = 0; i <= objCheckbox.length; i++) {
                objCheckbox[i].checked=true;
            }
        }
        /*全不选*/
        function noCheck() {
            var objCheckbox=document.form1.getFun;
            for (var i =0; i <= objCheckbox.length; i++) {
                objCheckbox[i].checked=false;
            }
        }
        /*反选*/
        function switchCheck() {
            var objCheckbox=document.form1.getFun;
            for (var i = 0; i <= objCheckbox.length; i++) {
                objCheckbox[i].checked=!objCheckbox[i].checked;
            }
        }
    </script>
</head>
<body>
<form id="form1" method="post" action="regInfo.aspx" name="form1">
    请选择您平时的娱乐方式：
```

```html
    <p>
      <input type="checkbox" name="getFun" id="TV" value="TV" />
      <label for="TV">电视</label>
    </p>
    <p>
      <input type="checkbox" name="getFun" id="internet" value="internet" />
      <label for="internet">网络</label>
    </p>
    <p>
      <input type="checkbox" name="getFun" id="newspaper" value="nerspaper" />
      <label for="newspaper">报纸</label>
    </p>
    <p>
      <input type="checkbox" name="getFun" id="radio" value="rradio" />
      <label for="radio">电台</label>
    </p>
    <p>
      <input type="checkbox" name="getFun" id="others" value="others" />
      <label for="others">其他</label>
    </p>
    <p>
      <input type="button" value="全选" onclick="checkAll();" />
      <input type="button" value="全不选" onclick="noCheck();" />
      <input type="button" value="反选" onclick="switchCheck();" />
    </p>
  </form>
</body>
</html>
```

运行程序，单击"全选"按钮，会选中所有的复选框；单击"全不选"按钮，所有的复选框都变为未被选中的状态；单击"反选"按钮，所有选中状态的复选框变为未被选中的状态，未被选中的复选框变为被选中的状态，如图5-6所示。

图5-6　设置复选框元素

5.2.5　设置下拉菜单

下拉菜单是表单中一种比较特殊的元素，一般的表单元素都是用一个标签表示，而下拉菜单必须用两个标签<select>和<option>。<select>表示下拉菜单，<option>表示菜单中的选项。

1. 下拉菜单的属性

下拉菜单除了具有表单元素的公共属性外,还有一些自己的属性,表 5-7 所示为下拉菜单的常用属性。

表 5-7 下拉菜单的属性

属 性 名	说　明
id	返回或设置下拉菜单的 id 属性值
name	返回或设置下拉菜单的名称
value	返回或设置下拉菜单的值
length	返回下拉菜单中选项的个数
type	返回下拉菜单的类型
selectedIndex	返回或设置下拉菜单中当前选中的选项在 options[]数组中的下标
options	返回一个数组,数组中的元素为下拉菜单的选项
selected	返回或设置某下拉菜单选项是否被选中,该属性值为布尔值
multiple	该值设置为 true 时,下拉菜单中的选项以列表方式显示,可以选择多个选项;该值为 false 时,一次只能选择一个下拉菜单选项

2. 下拉菜单的方法

常用的下拉菜单方法如表 5-8 所示。

表 5-8 下拉菜单的方法

方 法 名	说　明
click	模拟下拉菜单被鼠标单击
blur	将焦点从下拉菜单中移开
focus	将焦点赋给下拉菜单
remove	删除下拉菜单的选择,参数 i 为 options[]数组的下标

3. 访问下拉菜单

下拉菜单有两种类型:单选下拉菜单和多选下拉菜单。访问单选下拉菜单比较简单,通过 seletedIndex 属性即可访问。

实例 5 选择自己的星座类型(案例文件:ch05\5.5.html)

创建一个页面,在该页面中使用下拉菜单创建星座列表选项,然后使用 selectedIndex 属性访问选择的下拉菜单选项。

```
<!DOCTYPE html>
<html>
<head>
    <style>
        form{
            padding:0px; margin:0px;
```

```html
            font:14px Arial;
        }
    </style>
    <script type="text/javascript">
        function checkSingle(){
            var oForm = document.forms["myForm1"];
            var oSelectBox = oForm.constellation;
            var iChoice = oSelectBox.selectedIndex;   //获取选中项
            alert("您选中了" + oSelectBox.options[iChoice].text);
        }
    </script>
</head>
<body>
<form method="post" name="myForm1">
    <label for="constellation">请选择您的星座</label>
    <p>
        <select id="constellation" name="constellation">
            <option value="Aries" selected="selected">白羊座</option>
            <option value="Taurus">金牛座</option>
            <option value="Gemini">双子座</option>
            <option value="Cancer">巨蟹座</option>
            <option value="Leo">狮子座</option>
            <option value="Virgo">处女座</option>
            <option value="Libra">天秤座</option>
            <option value="Scorpio">天蝎座</option>
            <option value="Sagittarius">射手座</option>
            <option value="Capricorn">摩羯座</option>
            <option value="Aquarius">水瓶座</option>
            <option value="Pisces">双鱼座</option>
        </select>
    </p>
    <input type="button" onclick="checkSingle()" value="查看结果" />
</form>
</body>
</html>
```

运行程序，结果如图 5-7 所示，单击单选项右侧的下拉按钮，在弹出的下拉列表中选择需要的选项，如这里选择"处女座"，如图 5-8 所示。

图 5-7　预览网页效果

图 5-8　选择需要的选项

单击"查看结果"按钮，弹出一个信息提示框，提示用户选中的信息，如图 5-9 所示。

图 5-9　信息提示框

5.3　就业面试问题解答

面试问题 1：如何禁用文本框？

使用 setAttribute()函数可以禁用文本框。代码如下：

```
//禁用文本框
document.getElementById("txtBlogInfo").setAttribute("disabled", "disabled");
```

面试问题 2：使用表单对象的 method 属性提交表单时，应注意哪些事项？

表单对象的 method 属性是一个可选属性，用于指定 form 提交的方法，有 get 和 post 两种方法，默认方法是 post。在使用 get 方法提交表单时需要注意，URL 的长度应限制在 8192 个字符以内。如果发送的数据量太大，数据将被截断，从而导致意外或失败的处理结果。因此，如果传输的数据量过大，提交 form 时不能使用 get 方法。

5.4　上机练练手

上机练习 1：设计用户注册检测页面

本案例将使用 JavaScript 检测表单元素值，实现以下功能：
- 绑定用户信息功能。
- 下拉框动态绑定与级联功能。
- 提交表单前校验数据，并动态提交表单。

程序运行结果如图 5-10 所示。

上机练习 2：自动提示的文本框

在设计网页表单时可以为文本框添加自动提示功能，如在百度搜索框中输入值，会自动提示数据库中相符合的记录，从而简化用户的键盘输入操作。

使用 JavaScript 也可以实现具有自动提示功能的文本框。这里，在文本框中输入城市拼音的第一个字母，自动显示提示信息。程序运行结果如图 5-11 所示。

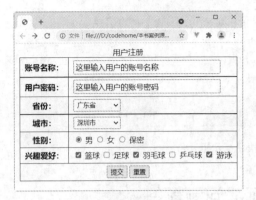

图 5-10 用户注册检测页面

图 5-11 制作带有自动提示功能的文本框

第 6 章

JavaScript 窗口对象

　　窗口与对话框是用户浏览网页时经常遇到的。在 JavaScript 中，使用 window 对象可以操作窗口与对话框。本章就来介绍 JavaScript 的窗口对象，主要内容包括 window 对象、打开与关闭窗口、操作窗口对象、调用对话框等。

6.1 window 对象

window 对象表示浏览器中打开的窗口,通过 window 对象可以打开窗口或关闭窗口、控制窗口的大小和位置。由窗口弹出的对话框,还可以控制窗口上是否显示地址栏、工具栏和状态栏等。

6.1.1 window 对象的属性

window 对象在客户端 JavaScript 中扮演着重要的角色,它是客户端程序的全局(默认)对象,该对象包含多个属性。window 对象的常用属性及其描述如表 6-1 所示。

表 6-1 window 对象的常用属性

属　　性	描　　述
closed	返回窗口是否已被关闭
defaultStatus	设置或返回窗口状态栏中的默认文本
document	对话框中显示的当前文档
frames	当前对话框中所有 frames 对象的集合
history	对 history 对象的只读引用
innerHeight	返回窗口的文档显示区的高度
innerWidth	返回窗口的文档显示区的宽度
length	设置或返回窗口中的框架数量
location	指定当前文档的 URL
name	设置或返回窗口的名称
navigator	浏览器对象,用于获取与浏览器相关的信息
opener	打开当前窗口的父窗口
outerHeight	返回窗口的外部高度,包含工具条与滚动条
outerWidth	返回窗口的外部宽度,包含工具条与滚动条
pageXOffset	设置或返回当前页面相对于窗口显示区左上角的 X 位置
pageYOffset	设置或返回当前页面相对于窗口显示区左上角的 Y 位置
parent	包含当前窗口的父窗口
screen	用户屏幕,提供屏幕尺寸、颜色深度等信息
screenLeft	返回相对于屏幕窗口的 x 坐标
screenTop	返回相对于屏幕窗口的 y 坐标
screenX	返回相对于屏幕窗口的 x 坐标
screenY	返回相对于屏幕窗口的 y 坐标
self	当前窗口
status	设置窗口状态栏的文本
top	最顶层的浏览器对话框

熟悉并了解 window 对象的各种属性，有助于 Web 应用开发。

6.1.2　window 对象的方法

除了属性，window 对象还拥有很多方法。window 对象的常用方法及其描述如表 6-2 所示。

表 6-2　window 对象的常用方法

方　　法	描　　述
alert()	显示带有一段消息和一个确认按钮的警告框
blur()	把键盘焦点从顶层窗口移开
clearInterval()	取消用 setInterval()设置的 timeout
clearTimeout()	取消用 setTimeout()方法设置的 timeout
close()	关闭浏览器窗口
confirm()	显示带有一段消息以及确认按钮和取消按钮的对话框
createPopup()	创建一个弹出窗口
focus()	把键盘焦点给予一个窗口
moveBy()	把相对当前窗口的坐标移动指定的像素
moveTo()	把窗口的左上角移动到一个指定的坐标
open()	打开一个新的浏览器窗口或查找一个已命名的窗口
print()	打印当前窗口的内容
prompt()	显示提示用户输入的对话框
resizeBy()	按照指定的像素调整窗口的大小
resizeTo()	把窗口的大小调整到指定的宽度和高度
scrollBy()	按照指定的像素值来滚动内容
scrollTo()	把内容滚动到指定的坐标
setInterval()	按照指定的周期(以毫秒计)来调用函数或计算表达式
setTimeout()	在指定毫秒数后调用函数或计算表达式

6.2　打开与关闭窗口

窗口的打开与关闭主要通过 open()和 close()方法来实现，也可以在打开窗口时指定窗口的大小及位置。

1. 打开窗口

使用 open()方法可以打开一个新的浏览器窗口或查找一个已命名的窗口。语法格式如下：

```
window.open(URL,name,specs,replace)
```

下面对 open()方法参数做说明。

- URL：可选。打开指定页面的 URL，如果没有指定 URL，打开一个新的空白窗口。
- name：可选。指定 target 属性或窗口的名称，支持的值如表 6-3 所示。

表 6-3　name 的可选参数及说明

可选参数	说　明
_blank	URL 加载到一个新的窗口，这是默认值
_parent	URL 加载到父框架
_self	URL 替换当前页面
_top	URL 替换任何可加载的框架集
name	窗口名称

- specs：可选。一个逗号分隔的项目列表，支持的值如表 6-4 所示。

表 6-4　specs 的可选参数及说明

可选参数	说　明
channelmode=yes|no|1|0	是否在影院模式显示 window，默认是不显示。仅限 IE 浏览器
directories=yes|no|1|0	是否添加目录按钮。默认是肯定的，仅限 IE 浏览器
fullscreen=yes|no|1|0	浏览器是否显示全屏模式。默认是不显示，仅限 IE 浏览器
height=pixels	窗口的高度，最小值为 100
left=pixels	该窗口的左侧位置
location=yes|no|1|0	是否显示地址字段，默认值是 yes
menubar=yes|no|1|0	是否显示菜单栏，默认值是 yes
resizable=yes|no|1|0	是否可调整窗口大小，默认值是 yes
scrollbars=yes|no|1|0	是否显示滚动条，默认值是 yes
status=yes|no|1|0	是否添加一个状态栏，默认值是 yes
titlebar=yes|no|1|0	是否显示标题栏，被忽略，除非调用 HTML 应用程序或一个值得信赖的对话框，默认值是 yes
toolbar=yes|no|1|0	是否显示浏览器工具栏，默认值是 yes
top=pixels	窗口顶部的位置，仅限 IE 浏览器
width=pixels	窗口的宽度，最小值为 100

- replace：Optional.Specifies 规定了装载到窗口的 URL 是在窗口的浏览历史中创建一个新条目，还是替换浏览历史中的当前条目，支持的值如表 6-5 所示。

表 6-5　replace 的可选参数及说明

参　数	说　明
true	URL 替换浏览历史中的当前条目
false	URL 在浏览历史中创建新的条目

在使用 open()方法时需要注意以下几点：
- 浏览器窗口中总有一个文档是打开的，因此不需要为输出建立一个新文档。
- 完成对 Web 文档的写操作后，要使用或调用 close()方法来实现对输出流的关闭。
- 在使用 open()方法打开一个新流时，可为文档指定一个有效的文档类型，有效文档类型包括 text/HTML、text/gif、text/xim 等。

2. 关闭窗口

用户可以在 JavaScript 中使用 window 对象的 close()方法关闭指定的已经打开的窗口。语法格式如下：

```
window.close()
```

例如，如果想要关闭窗口，可以使用下面任何一种语句来实现。

```
window.close()
close()
this.close()
```

实例 1 打开和关闭新窗口(案例文件：ch06\6.1.html)

通过 window 对象的 open()方法打开一个新窗口，然后通过按钮再关闭该窗口。

```html
<!DOCTYPE html>
<html>
<head>
    <script type="text/javascript">
            function openWin(){
                myWindow=window.open("","","width=400,height=200");
                myWindow.document.write("<h3>玉台体</h3>");
                myWindow.document.write("<p>昨夜裙带解，今朝蟢子飞。</p>");
                myWindow.document.write("<p>铅华不可弃，莫是藁砧归。</p>");
            }
        function closeWin(){
            myWindow.close();
        }
    </script>
</head>
<body>
<input type="button" value="打开窗口" onclick="openWin()" />
<input type="button" value="关闭窗口" onclick="closeWin()" />
</body>
</html>
```

运行程序，结果如图 6-1 所示。单击"打开窗口"按钮，即可打开一个新窗口，结果如图 6-2 所示。单击"关闭窗口"按钮，即可关闭打开的新窗口。

在 JavaScript 中使用 window.close()方法关闭当前窗口时，如果当前窗口是通过 JavaScript 打开的，则不会有提示信息。在某些浏览器中，如果需要关闭窗口的浏览器只有当前窗口的历史访问记录，则使用 window.close()关闭窗口时，同样不会有提示信息。

 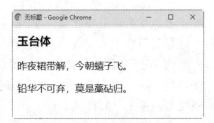

图 6-1　运行结果　　　　　　　　图 6-2　打开新窗口

6.3　控 制 窗 口

通过 window 对象除了可以打开与关闭窗口外，还可以控制窗口的大小和位置。下面进行详细介绍。

6.3.1　移动窗口和改变窗口大小

使用 moveTo()方法可把窗口的左上角移动到一个指定的坐标。语法格式如下：

```
window.moveTo(x,y)
```

利用 window 对象的 resizeBy()方法可以根据指定的像素来调整窗口的大小，具体语法格式如下：

```
resizeBy(width,height)
```

参数描述如下。
- width：必需。要使窗口宽度增加的像素数，可以是正、负数值。
- height：可选。要使窗口高度增加的像素数，可以是正、负数值。

　　此方法定义指定窗口的右下角移动的像素，左上角则不会被移动(停留在原来的坐标位置)。

实例 2　将新窗口移动到系统桌面指定的位置(案例文件：ch06\6.2.html)

使用 window 对象的 moveTo()方法将新窗口移动到系统桌面指定的位置。

```
<!DOCTYPE html>
<html>
<head>
   <script type="text/javascript">
      function openWin()
      {
         myWindow=window.open('','','width=200,height=100');
         myWindow.document.write("<h3>夏日山中</h3>");
         myWindow.document.write("<p>懒摇白羽扇，裸袒青林中。</p>");
         myWindow.document.write("<p>脱巾挂石壁，露顶洒松风。</p>");
      }
      function moveWin(){
         myWindow.moveTo(100,100);
```

```
                myWindow.focus();
            }
        </script>
</head>
<body>
<input type="button" value="打开窗口" onclick="openWin()" />
<br><br>
<input type="button" value="移动窗口" onclick="moveWin()" />
</body>
</html>
```

运行程序，结果如图 6-3 所示。单击"打开窗口"按钮，即可打开一个新的窗口，默认位置为系统桌面的左上角，如图 6-4 所示。单击"移动窗口"按钮，即可将打开的新窗口移动到指定的位置，如图 6-5 所示。

图 6-3　程序运行结果

图 6-4　新窗口默认位置为桌面左上角　　　　图 6-5　移动窗口到指定位置

6.3.2　获取窗口历史记录

利用 history 对象可以获取浏览器窗口的历史记录，history 对象是一个只读 URL 字符串数组，该对象主要用来存储一个最新访问网页的 URL 地址的列表，可通过 window.history 属性对其进行访问。

history 对象常用的属性及其描述如表 6-6 所示。

history 对象常用的方法及其描述如表 6-7 所示。

注意

当前没有应用于 history 对象的公开标准，不过所有浏览器都支持该对象。

表 6-6 history 对象常用的属性及其描述

属 性	说 明
length	返回历史列表中的网址数
current	当前文档的 URL
next	历史列表的下一个 URL
previous	历史列表的前一个 URL

表 6-7 history 对象常用的方法及其描述

方 法	说 明
back()	加载 history 列表中的前一个 URL
forward()	加载 history 列表中的下一个 URL
go()	加载 history 列表中的某个具体页面

例如，利用 history 对象的 back()方法和 forward()方法可以引导用户在页面中跳转，具体的代码如下：

```
<a href="javascrip:window.history.forward();">forward</a>
<a href="javascrip:window.history.back();">back</a>
```

还可以使用 history.go()方法指定要访问的历史记录，若参数为正数，则向前移动；参数为负数，则向后移动，具体代码如下：

```
<a href="javascrip:window.history.go(-1);">向后退一次</a>
<a href="javascrip:window.history.go(2);">向前进两次</a>
```

使用 history.Length()属性能够访问 history 数组的长度，可以很容易地转移到列表的末尾，例如：

```
<a href="javascrip:window.history.go(window.historylength-1);">末尾</a>
```

6.3.3 窗口定时器

用户可以设置一个窗口在某段时间后执行某种操作，称为窗口定时器。使用 window 对象的 setTimeout()方法可以在指定的毫秒数后调用函数或计算表达式，用于设置窗口定时器。语法格式如下：

```
setTimeout(code, milliseconds, param1, param2, ...)
setTimeout(function, milliseconds, param1, param2, ...)
```

实例 3 设计一个网页计数器(案例文件：ch06\6.3.html)

使用 window 对象的 setTimeout()方法设计一个网页计算器。单击"开始计数"按钮开始执行计数程序，输入框从 0 开始计算。单击"停止计数"按钮停止计数，再次单击"开始计数"按钮会重新开始计数。

```
<!DOCTYPE html>
<html>
<head>
    <script type="text/javascript">
        var c = 0;
        var t;
        var timer_is_on = 0;
        function timedCount() {
            document.getElementById("txt").value = c;
            c = c + 1;
            t = setTimeout(function(){ timedCount() }, 1000);
        }
        function startCount() {
            if (!timer_is_on) {
                timer_is_on = 1;
                timedCount();
            }
        }
        function stopCount() {
            clearTimeout(t);
            timer_is_on = 0;
        }
    </script>
</head>
<body>
<button onclick="startCount()">开始计数</button>
<input type="text" id="txt">
<button onclick="stopCount()">停止计数</button>
</body>
</html>
```

运行程序，结果如图 6-6 所示。单击"开始计数"按钮，即可在文本框中显示计数信息。单击"停止计数"按钮，即可停止开始计数。再次单击"开始计数"按钮，则重新开始计数。

图 6-6　在文本框中显示计数信息

6.4　对　话　框

JavaScript 提供了三个标准的对话框，分别是警告对话框、确认对话框和提示对话框。这三个对话框基于 window 对象，即作为 window 对象的方法使用。

6.4.1　警告对话框

采用 alert() 方法可以调用警告对话框或信息提示对话框，语法格式如下：

```
alert(message)
```

其中，message 是在对话框中显示的提示信息。当使用 alert()方法打开消息框时，整个文档的加载以及所有脚本的执行等操作都会暂停，直到用户单击消息框上的"确定"按钮，所有的动作才继续进行。

实例 4 弹出警告对话框(案例文件：ch06\6.4.html)

使用 window 对象的 alert()方法弹出一个警告框。

```html
<!DOCTYPE html>
<html>
<head>
    <script type="text/javascript">
        window.alert("警告信息");
        function showMsg(msg)
        {
            if(msg == "简介") window.alert("警告信息：简介");
            window.status = "显示本站的" + msg;
            return true;
        }
    </script>
</head>
<body>
<form name="frmData" method="post" action="#">
    <table width="400" align="center" border="1" cellspacing="0">
        <thead>
        <th colspan="3">在线购物网站</th>
        </thead>
        <SCRIPT LANGUAGE="JavaScript" type="text/javaScript">
            <!--
            window.alert("加载过程中的警告信息");
            //-->
        </script>
        <tr>
            <td valign="top" width="200">
                <ul>
                    <li><a href="#" onmouseover="return showMsg('主页')">主页</a></li>
                    <li><a href="#" onmouseover="return showMsg('简介')">简介</a></li>
                    <li><a href="#" onmouseover="return showMsg('联系方式')">联系方式</a></li>
                    <li><a href="#" onmouseover="return showMsg('业务介绍')">业务介绍</a></li>
                </ul>
            </td>
            <td valign="top" width="300">
                上网购物是一种新的购物理念
            </td>
        </tr>
    </table>
</form>
</body>
</html>
```

运行程序，结果如图 6-7 所示。在上面代码中，加载至 JavaScript 中的第一条 window.alert()语句时，会弹出一个提示框。单击"确定"按钮，显示加载过程中的警告信息，如图 6-8 所示。单击"确定"按钮，当鼠标移至超级链接"简介"时，即可看到相应的提示信息，如图 6-9 所示。

图 6-7　信息提示框　　　图 6-8　弹出警告框　　　图 6-9　警告信息为"简介"

待整个页面加载完毕，页面效果如图 6-10 所示。

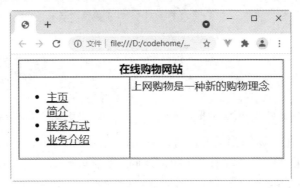

图 6-10　显示默认信息

6.4.2　确认对话框

采用 confirm()方法可以调用一个带有指定消息和确认及取消按钮的对话框。如果访问者单击"确定"按钮，此方法返回 true，否则返回 false。语法格式如下：

```
confirm(message)
```

实例 5　弹出确认对话框(案例文件：ch06\6.5.html)

使用 window 对象的 confirm()方法弹出一个确认框，提醒用户单击了什么内容。

```html
<!DOCTYPE html>
<html>
<head>
    <script type="text/javascript">
        function myFunction(){
            var x;
            var r=confirm("按下按钮!");
            if (r==true){
                x="你按下了【确定】按钮!";
            }
```

```
            else{
                x="你按下了【取消】按钮!";
            }
            document.getElementById("demo").innerHTML=x;
        }
    </script>
</head>
<body>
<p>单击按钮，显示确认框。</p>
<button onclick="myFunction()">确认</button>
<p id="demo"></p>
</body>
</html>
```

运行程序，结果如图 6-11 所示。单击"确认"按钮，弹出一个信息提示框，提示用户需要按下按钮进行选择，如图 6-12 所示。

图 6-11　显示一个确认框　　　　　　　　图 6-12　信息提示框

单击"确定"按钮，返回到页面，可以看到在页面中显示用户单击了"确定"按钮，如图 6-13 所示。如果单击了"取消"按钮，返回到页面，可以看到在页面中显示用户单击了"取消"按钮。如图 6-14 所示。

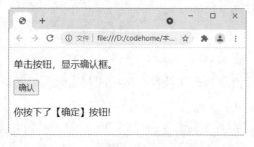 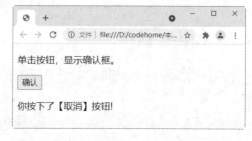

图 6-13　单击"确定"按钮后的提示信息　　图 6-14　单击"取消"按钮后的提示信息

6.4.3　提示对话框

采用 prompt()方法可以在浏览器窗口中弹出一个提示框。与警告框和确认框不同，在提示框中会有一个文本框，当显示文本框时，在其中显示提示字符串，并等待用户输入。用户在该文本框中输入文字并单击"确定"按钮，返回用户输入的字符串。单击"取消"按钮，返回 null 值。语法格式如下：

```
prompt(msg,defaultText)
```

其中，参数 msg 为可选项，代表要在对话框中显示的纯文本(不是 HTML 格式的文本)。defaultText 也为可选项，默认的输入文本。

实例6 弹出提示对话框(案例文件：ch06\6.6.html)

使用 window 对象的 prompt()方法弹出一个提示框，要求输入内容。

```html
<!DOCTYPE html>
<html>
<head>
    <script type="text/javascript">
        function askGuru()
        {
            var question = prompt("请输入数字?","")
            if (question != null)
            {
                if (question == "")   //如果输入为空
                    alert("您还没有输入数字! ");  //弹出提示
                else //否则
                    alert("你输入的是数字哦! ");//弹出信息框
            }
        }
    </script>
</head>
<body>
<div align="center">
    <h1>显示一个提示框，并输入内容</h1>
    <hr>
    <br>
    <form action="#" method="get">
        <!--通过onclick调用askGuru()函数-->
        <input type="button" value="确定" onclick="askGuru();" >
    </form>
</div>
</body>
</html>
```

运行程序，结果如图 6-15 所示。单击"确定"按钮，弹出一个信息提示框，提示用户在文本框中输入数字，这里输入"110120"，如图 6-16 所示。

图 6-15 运行结果

图 6-16 输入数字

单击"确定"按钮，弹出一个信息提示框，提示用户输入了数字，如图 6-17 所示。

如果没有输入数字，直接单击"确定"按钮，则在弹出的信息提示框中提示用户还没有输入数字，如图 6-18 所示。

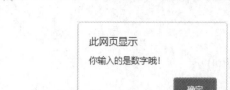
图 6-17　提示用户输入了数字

图 6-18　提示用户还没输入数字

　　使用 window 对象的 alert()方法、confirm()方法、prompt()方法都会弹出一个对话框。对话框弹出后，如果用户没有对其进行操作，那么当前页面及 JavaScript 会暂停执行。因为这三种对话框都是模式对话框，除非用户对对话框进行了操作，否则无法进行其他操作，也无法操作页面。

6.5　就业面试问题解答

面试问题 1：如何创建一个弹出窗口？

利用 window 对象的 createPopup()方法可以创建一个弹出窗口，具体语法格式如下：

```
window.createPopup()
```

例如以下代码将创建一个简单的弹出窗口。

```
<script>
function showPopup(){
   var p=window.createPopup();
   var pbody=p.document.body;
   pbody.style.backgroundColor="lime";
   pbody.style.border="solid black 1px";
   pbody.innerHTML="这是一个弹出！单击弹框外部关闭。";
   p.show(150,150,200,50,document.body);
}
</script>
```

面试问题 2：使用 open()方法打开窗口时，还需要建立一个新文档吗？

　　在实际应用中，使用 open()方法打开窗口时，除了自动打开新窗口外，还可以通过单击图片、按钮或超链接来打开窗口。不过在浏览器窗口中，总有一个文档是打开的，所以不需要为输出建立一个新文档，而且在完成对 Web 文档的写操作后，要使用或调用 close() 方法来对输出流进行关闭。

6.6　上机练练手

上机练习 1：打开一个新窗口

　　创建一个 HTML 文件，在该文件中通过单击页面中的"打开新窗口"按钮，打开一个在屏幕中央显示的大小为 500 像素×400 像素且大小不可变的新窗口。当文档大小大于窗口大小时显示滚动条，窗口名称为_blank，目标 URL 为 shoping.html。这里使用 JavaScript 中的 window.open()方法来设置窗口居中显示，程序运行效果如图 6-19 所示。单击"打开新窗口"按钮，即可打开一个新窗口，如图 6-20 所示。

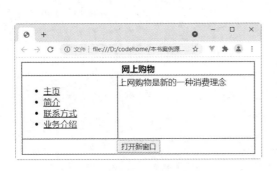

图 6-19　运行效果　　　　　　　　　图 6-20　打开的新窗口

上机练习 2：对话框的综合应用

在 JavaScript 代码中，创建三个 JavaScript 函数，这三个函数分别调用 window 对象的 alert()方法、confirm()和 prompt()方法，进而创建不同形式的对话框。创建三个表单按钮，分别为三个按钮添加单击事件，即单击不同的按钮，调用不同的 JavaScript 函数。

程序运行效果如图 6-21 所示，当单击三个按钮时，会显示不同的对话框类型。例如，警告对话框如图 6-22 所示，提示对话框如图 6-23 所示，确认对话框如图 6-24 所示。

图 6-21　运行结果　　　　　　　　　图 6-22　警告对话框

图 6-23　提示对话框　　　　　　　　图 6-24　确认对话框

第 7 章

文档对象模型

　　DOM(Document Object Model)模型，即文档对象模型，它是一种与浏览器、平台、语言无关的接口。通过 DOM 可以访问页面中的其他标准组件，从而解决了 JavaScript 与 JScript 之间的冲突，给开发者定义了一个标准方法。本章就来介绍文档对象模型的应用，主要内容包括 DOM 模型中的节点、操作 DOM 中的节点等。

7.1 认识 DOM

文档对象模型(DOM)是表示文档(比如 HTML 和 XML)和访问、操作构成文档的各种元素的应用程序接口(API)，支持 JavaScript 的所有浏览器都支持 DOM。

7.1.1 DOM 简介

DOM 将整个 HTML 页面文档规划成由多个相互连接的节点构成的文档，文档中的每个部分都可以看作是一个节点的集合。这个节点集合可以看作是一个节点树(Tree)，开发者可以通过 DOM 对文档的内容和结构进行遍历、添加、删除、修改和替换。图 7-1 所示为 DOM 模型被构造为对象的树。

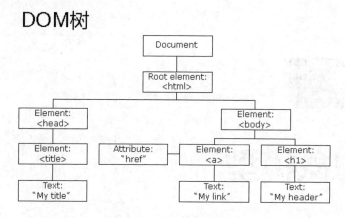

图 7-1 DOM 模型树结构

通过可编程的对象模型，JavaScript 获得了足够的能力来创建动态的 HTML，从而可以改变页面中所有的 HTML 元素、CSS 样式、HTML 属性，以及对页面中的所有事件做出反应。

7.1.2 基本的 DOM 方法

DOM 的方法很多，这里只介绍一些基本的和常用的方法，包括直接引用节点、间接引用节点、获得节点信息、处理节点信息、处理文本节点以及改变文档层次结构等。

1. 直接引用节点

有两种方法可以直接引用节点：
- document.getElementById(id)方法：在文档里通过 id 来寻找节点，返回所找到的节点对象，只有一个。
- document.getElementsByName(tagName)方法：通过 HTML 的标记名称在文档里面查找，返回满足条件的数组对象。

第 7 章 文档对象模型

实例 1 查询网页中指定标记的个数(案例文件：ch07\7.1.html)

```html
<!DOCTYPE html>
<html>
<head>
<script type="text/javascript">
function getElements()
{
   var x=document.getElementsByName("myInput");
   document.write("元素 myInput 的个数是："+x.length);
}
</script>
</head>
<body>
<input name="myInput" type="text" size="20" /><br />
<input name="myInput" type="text" size="20" /><br />
<input name="myInput" type="text" size="20" /><br />
<input name="myInput" type="text" size="20" /><br />
<input type="button" onclick="getElements()" value="查询元素 myInput 的个数" />
</body>
</html>
```

运行程序，结果如图 7-2 所示。单击"查询元素 myInput 的个数"按钮，结果如图 7-3 所示。

图 7-2　程序运行结果　　　　　图 7-3　查询网页中指定标记的个数

2. 间接引用节点

主要包括对节点的子节点、父节点以及兄弟节点的访问。

- element.parentNode 属性：引用父节点。
- element.childNodes 属性：返回包含所有子节点的数组。
- element.ncxtSibling 属性和 element.nextPreviousSibling 属性：分别引用下一个兄弟节点和上一个兄弟节点。

3. 获得节点信息

主要包括节点名称、节点类型、节点值的获取。

- nodeName 属性：获得节点名称。
- nodeType 属性：获得节点类型。
- nodeValue 属性：获得节点的值。
- hasChildNodes()属性：判断是否有子节点。
- tagName 属性：获得标记名称。

4. 处理节点信息

除了通过"元素节点.属性名称"的方式访问外,还可以通过 setAttribute()和 getAttribute()方法设置和获取节点属性。

- elementNode.setAttribute(attributeName,attributeValue)方法:设置元素节点的属性。
- elementNode.getAttribute(attributeName)方法:获取属性值。

5. 处理文本节点

主要有 innerHTML 和 innerText 两个属性。

- innerHTML 属性:设置或返回节点开始和结束标签之间的 HTML。
- innerText 属性:设置或返回节点开始和结束标签之间的文本,不包括 HTML 标签。

6. 改变层级结构

- document.createElement()方法:创建元素节点。
- document.createTextNode()方法:创建文本节点。
- appendChild(childElement)方法:添加子节点。
- insertBefore(newNode,refNode):插入子节点,newNode 为插入的节点,refNode 为将节点插入到某节点之前。
- replaceChild(newNode,oldNode)方法:取代子节点,oldNode 必须是 parentNode 的子节点。
- cloneNode(includeChildren)方法:复制节点,includeChildren 为 bool,表示是否复制其子节点。
- removeChild(childNode)方法:删除子节点。

实例2 创建节点(案例文件:ch07\7.2.html)

创建一个网页文档,然后在文档中创建节点和文本节点,然后将文本节点添加到其他节点中。

```
<!DOCTYPE html>
<html>
<head>
    <script type="text/javascript">
        function createMessage() {
            var oP = document.createElement("p");
            var oText = document.createTextNode("绿遍山原白满川,子规声里雨如烟。");
            oP.appendChild(oText);
            document.body.appendChild(oP);
        }
    </script>
</head>
<body onload="createMessage()">
</body>
</html>
```

运行程序,结果如图 7-4 所示。

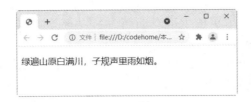

图 7-4 创建节点示例

上述代码创建了节点 oP 和文本节点 oText，oText 通过 appendChild()方法附加在 oP 节点上。为了显示出来，将 oP 节点通过 appendChild()方法附加在 body 节点上，最后在页面中输出"绿遍山原白满川，子规声里雨如烟。"。

7.1.3 网页的 DOM 模型框架

文档对象模型采用的分层结构为树形结构，以树节点的方式表示文档的内容。为了便于理解网页的 DOM 模型框架，下面以一个简单的 HTML 页面为例进行介绍。

实例 3 网页的 DOM 模型框架(案例文件：ch07\7.3.html)

```
<!DOCTYPE html>
<html>
<head></head>
<body>
<h1>我的标题</h1>
<a href="#">我的链接</a>
</body>
</html>
```

运行程序，结果如图 7-5 所示。

图 7-5 DOM 模型示例

上述实例对应的 DOM 节点层次模型如图 7-6 所示。

在这个树状图中，每一个对象都可以称为一个节点，下面介绍几种节点的概念。

- 根节点：在顶层的<html>节点，称为根节点。
- 父节点：一个节点之上的节点是该节点的父节点，例如<html>就是<head>和<body>的父节点，<head>是<title>的父节点。
- 子节点：位于一个节点之下的节点就是该节点的子节点，例如<head>和<body>就是<html>的子节点，<title>是<head>的子节点。
- 兄弟节点：如果多个节点位于同一个层次，并拥有相同的父节点，这些节点就是兄弟节点，例如<head>和<body>就是兄弟节点。

- 后代节点：一个节点的子节点的结合可以称为该节点的后代，例如<head>和<body>就是<html>的后代。
- 叶子节点：在树形结构最低层的节点称为叶子节点，例如"我的标题""我的链接"以及自己的属性都属于叶子节点。

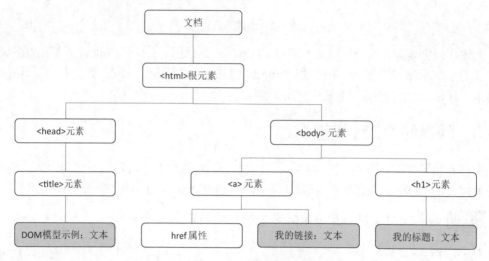

图 7-6　DOM 节点层次模型

7.2　DOM 模型的节点

在 DOM 模型中有三种节点，分别是元素节点、属性节点和文本节点，下面分别进行介绍。

7.2.1　元素节点

可以说整个 DOM 模型都是由元素节点构成的。元素节点可以包含其他的元素，例如<li>可以包含在<ul>中，唯一没有被包含的只有根元素<html>。

实例 4　获取元素节点的属性值(案例文件：ch07\7.4.html)

```
<!DOCTYPE html>
<html>
<head>
    <script type="text/javascript">
        function getNodeProperty()
        {
            var d =document.getElementById("x");
            document.write(d.nodeType+"<br />");
            document.write(d.nodeName+"<br />");
            document.write(d.nodeValue);
        }
    </script>
</head>
<body>
```

```
<table border=1>
   <tr>
       <td id="x" name="myname">洗衣机</td>
       <td id="s" name="myname">电视机</td>
   </tr>
</table>
<br />
<input type="button" onclick="getNodeProperty()" value="点击获取元素节点属性值" />
</body>
</html>
```

运行程序,结果如图 7-7 所示。单击"点击获取元素节点属性值"按钮,显示的结果如图 7-8 所示。

图 7-7 元素节点示例　　　　　　　图 7-8 获取元素节点属性值

7.2.2 文本节点

在 HTML 中,文本节点是向用户展示内容,例如下面一段代码:

```
<a href=" " title="热销商品">洗衣机</a>
```

其中,"洗衣机"就是一个文本节点。

实例 5 获取文本节点的属性值(案例文件:ch07\7.5.html)

```
<!DOCTYPE html>
<html>
<head>
    <script type="text/javascript">
       function getNodeProperty()
       {
            var d = document.getElementsByTagName("td")[1].firstChild;
            document.write(d.nodeType+"<br />");
            document.write(d.nodeName+"<br />");
            document.write(d.nodeValue);
       }
    </script>
</head>
<body>
<table border=1>
    <tr>
        <td id="m" name="myname">洗衣机</td>
        <td id="s" name="myname">冰箱</td>
        <td id="k" name="myname">空调</td>
    </tr>
```

```
</table>
<br />
<input type="button" onclick="getNodeProperty()" value="文本节点属性值" />
</body>
</html>
```

运行程序，结果如图 7-9 所示。单击"文本节点属性值"按钮，显示的结果如图 7-10 所示。

图 7-9 文本节点示例

图 7-10 获取文本节点属性值

7.2.3 属性节点

页面中的元素，或多或少都会有一些属性。例如，几乎所有的元素都有 title 属性。可以利用这个属性，对包含在元素里的对象做出更准确的描述。例如下面一段代码：

```
<a href="http://www.XXX123.com" title="热销商品"> 洗衣机</a>
```

其中，href="http://www.XXX123.com"和 title="热销商品"分别是两个属性节点。

实例 6 获取属性节点的属性值(案例文件：ch07\7.6.html)

```
<!DOCTYPE html>
<html>
<head>
    <script type="text/javascript">
        function getNodeProperty()
        {
            var d = document.getElementById("m").getAttributeNode("name");
            document.write(d.nodeType+"<br />");
            document.write(d.nodeName+"<br />");
            document.write(d.nodeValue);
        }
    </script>
</head>
<body>
<table border=1>
    <tr>
        <td id="x" name="mname">洗衣机</td>
        <td id="b" name="sname">冰箱</td>
    </tr>
</table>
<br />
<input type="button" onclick="getNodeProperty()" value="属性节点的属性值" />
</body>
</html>
```

运行程序，结果如图 7-11 所示。单击"属性节点的属性值"按钮，显示的结果如图 7-12 所示。

图 7-11 属性节点示例　　　　图 7-12 获取属性节点的属性值

7.3 操作 DOM 中的节点

对节点的操作主要包括访问节点、创建节点、插入节点、复制节点、删除节点等。

7.3.1 访问节点

使用 getElementById()方法可以访问指定 id 的节点，并用 nodeName 属性、nodeType 属性和 nodeValue 属性来显示该节点的名称、节点类型和节点的值。

实例 7 访问节点并显示节点的名称、类型与节点的值(案例文件：ch07\7.7.html)

创建一个网页文档，访问节点，然后显示节点的名称、类型与节点的值。

```
<!DOCTYPE html>
<html>
<head></head>
<body id="b1">
<h3>落花</h3>
<b>高阁客竟去，小园花乱飞。</b>
<b>参差连曲陌，迢递送斜晖。</b>
<b>肠断未忍扫，眼穿仍欲归。</b>
<b>芳心向春尽，所得是沾衣。</b>
<script type="text/javascript">
   var by=document.getElementById("b1");
   var str;
   str="节点名称:"+by.nodeName+"\n";
   str+="节点类型:"+by.nodeType+"\n";
   str+="节点值:"+by.nodeValue+"\n";
   document.write (str);
</script>
</body>
</html>
```

运行程序，结果如图 7-13 所示。

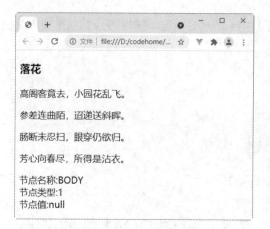

图 7-13　访问指定节点

7.3.2　创建节点

创建新的节点首先需要通过使用文档对象的 createElement()方法和 createTextNode()方法生成一个新元素，并生成文本节点，再通过 appendChild()方法将创建的新节点添加到当前节点的末尾。appendChild()方法将新的子节点添加到当前节点末尾的语法格式如下：

```
node.appendChild(node)
```

其中，node 表示要添加的新的子节点。

实例 8　创建节点并添加列表信息(案例文件：ch07\7.8.html)

创建一个网页文档，通过创建节点的方式添加列表信息。

```
<!DOCTYPE html>
<html>
<head></head>
<body>
<ul id="myList">
    <li>中庭地白树栖鸦</li>
    <li>冷露无声湿桂花</li>
    <li>今夜月明人尽望</li>
</ul>
<button onclick="myFunction()">创建节点</button>
<script type="text/javascript">
    function myFunction(){
        var node=document.createElement("LI");
        var textnode=document.createTextNode("不知秋思落谁家");
        node.appendChild(textnode);
        document.getElementById("myList").appendChild(node);
    }
</script>
</body>
</html>
```

运行程序，结果如图 7-14 所示。单击"创建节点"按钮，即可在列表中添加项目，从而创建一个节点，如图 7-15 所示。

第 7 章　文档对象模型

图 7-14　创建节点示例

图 7-15　添加项目并创建节点

上述代码首先创建一个节点，然后创建一个文本节点，接着将文本节点添加到 LI 节点上，最后将节点添加到列表中。

7.3.3　插入节点

使用 insertBefore()方法可以在已有的子节点前插入一个新的子节点。语法格式如下：

```
node.insertBefore(newnode,existingnode)
```

其中，newnode 表示新的子节点，existingnode 表示指定的节点，在这个节点前插入新的节点。

实例 9　插入节点并添加列表信息(案例文件：ch07\7.9.html)

创建一个网页文档，通过插入节点的方式添加列表信息。这里将一个项目从一个列表移动到另一个列表，从而完成插入节点的操作。

```html
<!DOCTYPE html>
<html>
<head></head>
<body>
<ul id="myList1">
    <li>无云世界秋三五</li>
    <li>共看蟾盘上海涯</li>
</ul>
<ul id="myList2">
    <li>直到天头天尽处</li>
    <li>不曾私照一人家</li>
</ul>
<button onclick="myFunction()">插入节点</button>
<script type="text/javascript">
    function myFunction(){
        var node=document.getElementById("myList1").lastChild;
        var list=document.getElementById("myList2");
        list.insertBefore(node,list.childNodes[0]);
    }
</script>
</body>
</html>
```

运行程序，结果如图 7-16 所示。多次单击"插入节点"按钮，即可将一个项目从一个列表移动到另一个列表,从而插入节点,如图7-17所示。

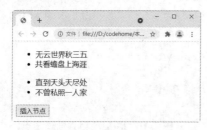

图7-16 插入节点示例

图7-17 移动项目到另一列表

7.3.4 删除节点

使用 removeChild()方法可以从子节点列表中删除某个节点。如果删除成功,此方法可返回被删除的节点;如果失败,则返回NULL。具体的语法格式如下:

```
node.removeChild(node)
```

实例10 删除节点以删除列表中的信息(案例文件:ch07\7.10.html)

```html
<!DOCTYPE html>
<html>
<head></head>
<body>
<ul id="myList">
    <li>年来鞍马困尘埃</li>
    <li>赖有青山豁我怀</li>
    <li>日暮北风吹雨去</li>
    <li>数峰清瘦出云来</li>
</ul>
<button onclick="myFunction()">删除节点</button>
<script type="text/javascript">
    function myFunction(){
        var list=document.getElementById("myList");
        list.removeChild(list.childNodes[0]);
    }
</script>
</body>
</html>
```

运行程序,结果如图7-18所示。单击"删除节点"按钮,即可从子节点列表中删除某个节点,从而完成删除节点的操作,如图7-19所示。

图7-18 删除节点示例

图7-19 通过按钮删除列表第一项

7.3.5 复制节点

使用 cloneNode()方法可以复制节点的所有属性和值,然后返回节点的副本。如果传递给它的参数是 true,还将递归复制当前节点的所有子孙节点,否则,只复制当前节点。语法格式如下:

```
node.cloneNode(deep)
```

实例 11 复制节点以添加列表的信息(案例文件:ch07\7.11.html)

```html
<!DOCTYPE html>
<html>
<head></head>
<body>
<ul id="myList1"><li>白玉堂前一树梅</li><li>为谁零落为谁开</li><li>唯有春风最相惜</li></ul>
<ul id="myList2"><li>一年一度一归来</li></ul>
<button onclick="myFunction()">复制节点</button>
<script type="text/javascript">
    function myFunction(){
        var itm=document.getElementById("myList2").lastChild;
        var cln=itm.cloneNode(true);
        document.getElementById("myList1").appendChild(cln);
    }
</script>
</body>
</html>
```

运行程序,结果如图 7-20 所示。单击"复制节点"按钮,即可将项目从一个列表复制到另一个列表中,从而完成复制节点的操作,如图 7-21 所示。

图 7-20 复制节点示例

图 7-21 复制项目到第一个列表中

7.3.6 替换节点

使用 replaceChild()方法可以将某个子节点替换为另一个,这个新节点可以是文本中已存在的,或者是用户新创建的。语法格式如下:

```
node.replaceChild(newnode,oldnode)
```

主要参数介绍如下。

- newnode：替换后的新节点。
- oldnode：需要替换的旧节点。

实例 12 替换节点以修改列表的信息(案例文件：ch07\7.12.html)

```html
<!DOCTYPE html>
<html>
<head></head>
<body>
<ul id="myList"><li>竹炉汤沸火初红</li><li>竹炉汤沸火初红</li><li>寻常一样窗前月</li><li>才有梅花便不同</li></ul>
<button onclick="myFunction()">替换节点</button>
<script type="text/javascript">
    function myFunction(){
        var textnode=document.createTextNode("寒夜客来茶当酒");
        var item=document.getElementById("myList").childNodes[0];
        item.replaceChild(textnode,item.childNodes[0]);
    }
</script>
</body>
</html>
```

运行程序，结果如图 7-22 所示。单击"替换节点"按钮，即可替换列表中的第一项，从而完成替换节点的操作，如图 7-23 所示。

图 7-22 替换节点示例

图 7-23 替换列表中的第一项

7.4 DOM 与 CSS

DOM 允许我们用 JavaScript 改变 HTML 元素的 CSS 样式，下面详细介绍改变 CSS 样式的方法。

7.4.1 改变 CSS 样式

通过 JavaScritp 和 HTML DOM 可以方便地改变 HTML 元素的 CSS 样式。语法如下：

```
document.getElementById(id).style.property=新样式
```

实例 13 修改网页元素的 CSS 样式(案例文件：ch07\7.13.html)

```html
<!DOCTYPE html>
<html>
```

```
<head>
    <script type="text/javascript">
        function changeStyle()
        {
            document.getElementById("p2").style.color="red";
            document.getElementById("p2").style.fontFamily="Arial";
            document.getElementById("p2").style.fontSize="xx-large";
        }
    </script>
</head>
<body>
<p id="p1">春日在天涯,天涯日又斜。</p>
<p id="p2">莺啼如有泪,为湿最高花。</p>
<br />
<input type="button" onclick="changeStyle()" value="修改网页元素的样式" />
</body>
</html>
```

运行程序,结果如图 7-24 所示。单击"修改网页元素的样式"按钮,即可修改第二段落的 CSS 样式,包括颜色、字体以及字体大小,运行效果如图 7-25 所示。

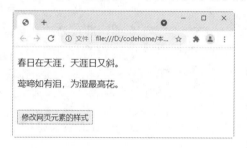

图 7-24 默认样式效果

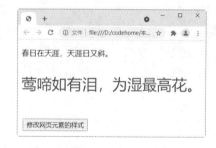

图 7-25 修改段落样式

7.4.2 使用 className 属性

DOM 对象还有一个非常实用的 className 属性,通过这个属性可以修改节点的 CSS 样式。

实例 14 使用 className 属性修改 CSS 样式(案例文件:ch07\7.14.html)

```
<!DOCTYPE html>
<html>
<head>
    <style type="text/css">
        .myUL1{
            Color:#0000FF;
            Font-family:Arial;
            Font-weight:bold;
        }
        .myUL2{
            Color:#FF0000;
            Font-family:Georgia, "Times New Roman"Times,serif;
            Font-size:bold;
            font-size:xx-large;
```

```
        }
    </style>
    <script type="text/javascript">
        function changeStyleClassName(){
            var oMy=document.getElementsByTagName("ul")[0];
            oMy.className="myUL2";
        }
    </script>
</head>
<body>
<ul class="myUL1">
    <li>百啭千声随意移,山花红紫树高低。</li>
</ul>
<ul class="myUL2">
    <li>始知锁向金笼听,不及林间自在啼。</li>
</ul>
</br>
<input type="button" onclick="changeStyleClassName();" value="修改CSS样式" />
</body>
</html>
```

运行程序,结果如图7-26所示。单击"修改CSS样式"按钮,即可修改文本样式,并显示修改后的效果,如图7-27所示。

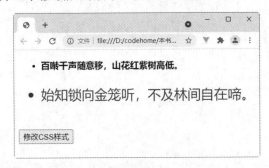
图 7-26 默认样式的效果

图 7-27 修改 CSS 样式后的效果

7.5 就业面试问题解答

面试问题 1:如何显示/隐藏一个 DOM 元素?

使用如下代码可以显示/隐藏一个 DOM 元素,代码如下:

```
el.style.display ="";
el.style.display ="none";
```

其中,el 是要操作的 DOM 元素。

面试问题 2:如何通过元素的 name 属性获取元素的值?

通过元素的 name 属性获取元素的值可以使用 Document 对象的 getElementsByName() 方法,该方法的返回值是一个数组,不是一个元素。例如,如果要获取页面中 name 属性值为 shop 的元素，具体代码如下：

```
document.getElementsByName("shop")[0].value;
```

7.6 上机练练手

上机练习 1：制作一个树形导航菜单

树形导航菜单是网页设计中最常用的菜单之一。实现一个树形菜单，需要三个方面配合，一是<ul>无序列表，用于显示的菜单；一是 CSS 样式，修饰树形菜单样式；一是 JavaScript 程序，实现单击时展开菜单选项。程序运行效果如图 7-28 所示。

上机练习 2：定义鼠标经过菜单的样式

在企业网站中，经常需要为菜单设计鼠标经过时的菜单样式。当用户将鼠标移动到任意一个菜单上时，该菜单会突出并加黑色边框显示；鼠标移走后，又恢复为原来的状态，运行结果如图 7-29 所示。

图 7-28 树形菜单

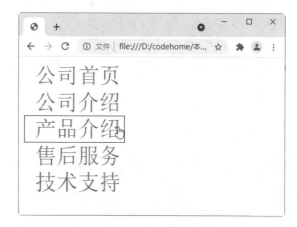

图 7-29 鼠标经过时的菜单样式

第 8 章

JavaScript 事件处理

　　JavaScript 的一个最基本特征就是事件驱动，使得在图形界面环境下的一切操作变得简单化。通常，将鼠标或热键的动作，称为事件；将由鼠标或热键引发的一连串程序动作，称为事件驱动；将对事件进行处理的程序或函数，称为事件处理程序。本章就来介绍 JavaScript 的事件处理机制。

8.1 认识事件与事件处理

在 JavaScript 程序中使用事件和事件处理，可以使程序的逻辑结构更加清晰，使程序更具有灵活性，从而提高程序的开发效率。

8.1.1 什么是事件

JavaScript 的事件可以用于处理表单验证、用户输入、用户行为及浏览器动作，如页面加载时触发事件、页面关闭时触发事件、用户单击按钮执行动作、验证用户输入内容的合法性等。事件将用户和 Web 页面连接在一起，使用户可以与服务器进行交互，以响应用户的操作。

事件处理程序说明一个对象如何响应事件。在早期支持 JavaScript 脚本的浏览器中，事件处理程序是作为 HTML 标记的附加属性加以定义的，其形式如下：

```
<input type="button" name="MyButton" value="Test Event"
onclick="MyEvent()">
```

JavaScript 的事件处理过程一般分为三步：首先发生事件，接着启动事件处理程序，最后事件处理程序做出反应。其中，要使事件处理程序能够启动，必须通过指定的对象来调用相应的事件，然后通过该事件调用事件处理程序。

目前，JavaScript 的大部分事件命名都是描述性的，如 click、submit、mouseover 等，通过名称就可以知道其含义。一般情况下，在事件名称之前添加前缀，如对于 click 事件，其处理器名为 onclick。

JavaScript 的事件不仅仅局限于鼠标和键盘操作，也包括浏览器的状态改变，如绝大部分浏览器支持类似于 resize 和 load 这样的事件。load 事件在浏览器载入文档时被触发，如果某事件要在文档载入时被触发，一般应该在<body>标记中加入如下语句：

```
onload="MyFunction()"
```

事件可以发生在很多场合，包括浏览器本身的状态和页面中的按钮、链接、图片、层等。根据 DOM 模型，文本也可以作为对象，响应相关的动作，如单击鼠标、文本被选择等。

8.1.2 JavaScript 的常用事件

JavaScript 的事件有很多，如鼠标键盘事件、表单事件、拖动相关事件等。下面以表格的形式对各事件进行说明，JavaScript 的相关事件如表 8-1 所示。

表 8-1 JavaScript 的相关事件

分 类	事 件	说 明
鼠标键盘事件	onkeydown	某个键盘键被按下时触发此事件
	onkeypress	某个键盘键被按下或按住时触发此事件
	onkeyup	某个键盘键松开时触发此事件

第 8 章　JavaScript 事件处理

续表

分类	事件	说　明
鼠标键盘事件	onclick	鼠标单击某个对象时触发此事件
	ondblclick	鼠标双击某个对象时触发此事件
	onmousedown	某个鼠标按键被按下时触发此事件
	onmousemove	鼠标被移动时触发此事件
	onmouseout	鼠标从某元素移开时触发此事件
	onmouseover	鼠标经过时自身触发事件，经过其子元素时也触发该事件
	onmouseup	某个鼠标按键松开时触发此事件
	onmouseleave	鼠标指针移出元素时触发此事件
	onmouseenter	鼠标经过时自身触发事件，经过其子元素时不触发该事件
	oncontextmenu	单击鼠标右键打开上下文菜单时触发此事件
表单相关事件	onreset	重置按钮被单击时触发此事件
	onblur	元素失去焦点时触发此事件
	onchange	元素失去焦点并且元素的内容发生改变时触发此事件
	onsubmit	提交按钮被单击时触发此事件
	onfocus	元素获得焦点时触发此事件
	onfocusin	元素即将获取焦点时触发
	onfocusout	元素即将失去焦点时触发
	oninput	元素获取用户输入时触发
	onsearch	用户向搜索域输入文本时触发(<input="search">)
	onselect	用户选取文本时触发(<input>和<textarea>)
拖动相关事件	ondrag	元素正在被拖动时触发
	ondragend	用户完成元素的拖动时触发
	ondragenter	拖动元素进入放置目标时触发
	ondragleave	拖动元素离开放置目标时触发
	ondragover	拖动元素被放置在目标上时触发
	ondragstart	用户开始拖动元素时触发
	ondrop	拖动元素被放置在目标区域时触发

8.2　事件的调用方式

事件通常与函数配合使用，这样可以通过发生的事件来驱动函数执行。在 JavaScript 中，事件调用的方式有两种，下面分别进行介绍。

8.2.1　在 JavaScript 中调用

在 JavaScript 中，调用事件处理程序是比较常见的操作。在调用过程中，首先需要获取要处理的对象,然后将要执行的处理函数赋值给该对象对应的事件。例如,单击"获取时间"按钮时,在页面中显示当前系统的时间信息。

实例 1 在页面中显示当前系统时间(案例文件:ch08\8.1.html)

```
<!DOCTYPE html>
<html>
<head></head>
<body>
<button id="myBtn">显示当前时间</button>
<script type="text/javascript">
   document.getElementById("myBtn").onclick=function(){
       displayDate()
   };
   function displayDate(){
       document.getElementById("demo").innerHTML=Date();
   };
</script>
<p id="demo"></p>
</body>
</html>
```

运行程序,单击"显示当前时间"按钮,即可在页面中显示出当前系统的日期和时间信息,如图 8-1 所示。

图 8-1 显示系统当前时间

8.2.2 在 HTML 元素中调用

在 HTML 元素中调用事件处理程序时,只需要在该元素中添加响应的事件,并指定要执行的代码或者函数名即可。例如:

```
<input name="close" type="button" value="关闭" onclick=alert("单击了关闭按钮");>
```

上述代码的运行结果会在页面中显示"关闭"按钮,单击该按钮后,会弹出一个信息提示框,如图 8-2 所示。

图 8-2 信息提示框

第 8 章 JavaScript 事件处理

8.3 鼠标相关事件

鼠标事件是页面操作中使用最频繁的操作，可以利用鼠标事件在页面中实现鼠标移动、单击时的特殊效果。

8.3.1 鼠标单击事件

单击事件(onclick)是在鼠标单击时触发的事件。单击是指鼠标停留在对象上，按下鼠标键，在没有移动鼠标的同时释放鼠标键这一完整过程。

在使用对象的单击事件时，如果在对象上按下鼠标键，然后移动鼠标到对象外再松开鼠标，则单击事件无效。单击事件必须在对象上松开鼠标后，才会执行单击事件的处理程序。

下面给出一个实例，通过单击按钮，动态变换背景的颜色。当用户再次单击按钮时，页面背景将以不同的颜色进行显示。

实例2 动态变换页面背景的颜色(案例文件：ch08\8.2.html)

```
<!DOCTYPE html>
<html>
<head></head>
<body>
<p>使用按钮动态变换页面背景颜色</p>
<script language="javascript">
    var Arraycolor=new Array("teal","red","blue","navy","lime","green","purple","gray","yellow","white");
    var n=0;
    function turncolors(){
        if (n==(Arraycolor.length-1)) n=0;
        n++;
        document.bgColor = Arraycolor[n];
    }
</script>
<form name="form1" method="post" action="">
    <p>
        <input type="button" name="Submit" value="变换背景颜色" onclick="turncolors()">
    </p>
</form>
</body>
</html>
```

运行程序，结果如图 8-3 所示。单击"变换背景颜色"按钮，即可改变页面的背景颜色。图 8-4 所示背景的颜色为绿色。

图 8-3 运行结果

图 8-4 改变页面背景颜色

鼠标事件一般应用于 Button 对象、CheckBox 对象、Image 对象、Link 对象、Radio 对象、Reset 对象和 Submit 对象。其中，Button 对象一般只会用到 onclick 事件处理程序，因为该对象不能从用户那里得到任何信息，如果没有 onclick 事件处理程序，按钮对象将不会有任何作用。

8.3.2 鼠标按下与松开事件

鼠标按下事件即 onmousedown，当用户把鼠标放在对象上并按下鼠标键时触发。在应用中，有时需要获取在某个 div 元素上鼠标按下时的鼠标位置(x、y 坐标)，并设置鼠标的样式为"手型"。

鼠标松开事件即 onmouseup，当用户把鼠标放在对象上并按下鼠标键，再放开鼠标键时触发。如果接收鼠标键按下事件的对象与鼠标键放开时的对象不是同一个对象，那么 onmouseup 事件不会触发。

实例 3 按下鼠标改变超链接文本的颜色(案例文件：ch08\8.3.html)

```
<!DOCTYPE html>
<html>
<head>
   <script type="text/javascript">
      function myFunction(elmnt,clr) {
         elmnt.style.color = clr;
      };
   </script>
</head>
<body>
<p onmousedown="myFunction(this,'red')"
onmouseup="myFunction(this,'green')"><u>按下鼠标改变超链接文本颜色</u></p>
</body>
</html>
```

运行程序，结果如图 8-5 所示。在文本上按下鼠标即改变文本的颜色，这时文本的颜色变为红色；松开鼠标后，文本的颜色变成绿色。

图 8-5 运行结果

onmousedown 事件与 onmouseup 事件有先后顺序，在同一个对象上，onmousedown 在先 onmouseup 在后。onmouseup 事件与 onmousedown 事件共同控制同一对象的状态改变。

8.3.3 鼠标移入与移出事件

鼠标移入事件为 onmouseover。onmouseover 事件在鼠标进入对象范围(移到对象上方)时触发，onmouseover 事件可以应用在所有的 HTML 页面元素中。例如，当鼠标进入单元格时，触发 onmouseover 事件，调用名称为 modStyle 的事件处理函数，完成对单元格样式的更改。代码如下：

```
<td onmouseover="modStyle(this)" onmouseout="recoverStyle(this)">
```

鼠标移出事件为 onmouseout。onmouseout 事件在鼠标离开对象时触发。onmouseout 事件通常与 onmouseover 事件共同使用以改变对象的状态。例如，当鼠标移到一段文字上方时，文字颜色显示为红色；当鼠标离开文字时，文字恢复原来的黑色。代码如下：

```
<font onmouseover ="this.style.color='red'"
onmouseout="this.style.color="black"">文字颜色改变</font>
```

实例 4 改变网页图片的大小(案例文件：ch08\8.4.html)

```
<!DOCTYPE html>
<html>
<head>
    <script type="text/javascript">
        function bigImg(x){
            x.style.height="218px";
            x.style.width="257px";
        }
        function normalImg(x){
            x.style.height="127px";
            x.style.width="150px";
        }
    </script>
</head>
<body>
<img src="01.jpg" alt="Smiley" width="150" height="127">
<img onmouseover="bigImg(this)" onm ouseout="normalImg(this)" border="0"
src="01.jpg" alt="Smiley" width="150" height="127">
</body>
</html>
```

运行程序，结果如图 8-6 所示。将鼠标移动到右边的图片上，即可将右边的图片放大显示，如图 8-7 所示。

图 8-6　运行结果

图 8-7　图片变大显示

8.3.4 鼠标移动事件

鼠标移动事件(onmousemove)当鼠标在页面上移动时触发。下面给出一个实例，鼠标在方框内移动，方框下方显示鼠标在页面中的当前位置，该位置使用坐标表示。

实例 5 在方框下显示鼠标的当前位置(案例文件：ch08\8.5.html)

```
<!DOCTYPE html>
<html>
<head>
<script>
function myFunction(e)
{
    x=e.clientX;
    y=e.clientY;
    coor="坐标: (" + x + "," + y + ")";
    document.getElementById("demo").innerHTML=coor
}
function clearCoor()
{
    document.getElementById("demo").innerHTML="";
}
</script>
</head>
<body style="margin:0px;">
<div id="coordiv" style="width:199px;height:99px;border:1px solid"
    onmousemove="myFunction(event)" onmouseout="clearCoor()"></div>
<p id="demo"></p>
</body>
</html>
```

运行程序，结果如图 8-8 所示。在方框内移动鼠标，可以看到鼠标的坐标值也在发生变化。

图 8-8　显示鼠标的坐标位置

8.4　键盘相关事件

键盘事件是指键盘状态的改变，常用的键盘事件有 onkeydown、onkeypress 和 onkeyup。

8.4.1 onkeydown 事件

onkeydown 事件在键盘按键被按下时触发，onkeydown 事件用于接收键盘的所有按键(包括功能键)被按下时的事件。onkeydown 事件与 onkeypress 事件都在按键按下时触发，但是两者是有区别的。

例如，在用户输入信息的界面中，经常会有同时输入多条信息(存在多个文本框)的情况。为方便用户使用，通常情况下，当用户按回车键时，光标自动跳入下一个文本框。在文本框中使用如下代码，即可实现回车跳入下一文本框的功能。

```
<input type="text" name="txtInfo" onkeydown="if(event.keyCode==13) event.keyCode=9">
```

实例 6 获取用户按下键盘的按键信息(案例文件：ch08\8.6.html)

```
<html>
<body>
<script type="text/javascript">
function noNumbers(e)
{
   var keynum;
   var keychar;
   keynum = window.event ? e.keyCode : e.which;
   keychar = String.fromCharCode(keynum);
   alert(keynum+':'+keychar);
}
</script>
<input type="text" onkeydown="return noNumbers(event)" />
</body>
</html>
```

运行程序，将鼠标定位在页面中的文本框内，按下键盘上的 O 键，将弹出一个信息提示框，显示用户按下的键信息，如图 8-9 所示。

图 8-9 获取用户按下键盘的按键信息

8.4.2 onkeypress 事件

onkeypress 事件在键盘按键被按下时触发。onkeypress 与 onkeydown 有先后顺序，onkeypress 事件是在 onkeydown 事件之后发生的。此外，当按下键盘上的任意一个键时都会触发 onkeydown 事件，但是 onkeypress 事件只在按下键盘上的任一字符键(如 A～Z、数字键)时触发，而单独按下功能键(F1～F12)、Ctrl 键、Shift 键、Alt 键等，不会触发 onkeypress 事件。

实例 7 利用 onkeypress 事件只允许输入数字(案例文件：ch08\8.7.html)

```html
<html>
<head>
<script>
function checkNumber(e)
{
   var keynum = window.event ? e.keyCode : e.which;
   //alert(keynum);
   var tip = document.getElementById("tip");
   if( (48<=keynum && keynum<=57) || keynum == 8){
      tip.innerHTML = "符合要求！";
      return true;
   }else {
      tip.innerHTML = "提示：只能输入数字！";
      return true;
   }
}
</script>
</head>
<body>
<div>请输入数字：<input type="text" onkeypress="return checkNumber(event);" />
<span id="tip"></span>
</div>
</body>
</html>
```

运行程序，将鼠标定位在页面中的文本框内，按下键盘上的任意数字键，如图 8-10 所示。如果按下非数字键，这里按下 A 键，结果如图 8-11 所示。

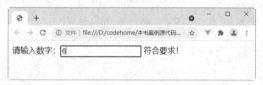
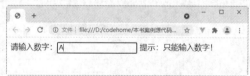

图 8-10　输入数字　　　　　　　　　图 8-11　输入非数字

8.4.3　onkeyup 事件

onkeyup 事件在键盘按键被按下然后放开时触发。例如，页面中要求用户输入数字信息时，使用 onkeyup 事件可以对用户输入的信息进行判断，具体代码如下：

```html
<input type="text" name="txtNum" onkeyup="if(isNaN(value))execCommand('undo');">
```

实例8 onkeyup 事件的应用(案例文件：ch08\8.8.html)

使用 onkeyup 事件实现当用户在文本框中输入小写字符后，触发函数，将其转换为大写字符。

```html
<!DOCTYPE html>
<html>
<head>
    <script type="text/javascript">
        function myFunction(){
            var x=document.getElementById("fname");
            x.value=x.value.toUpperCase();
        }
    </script>
</head>
<body>
    <input type="text" id="fname" onkeyup="myFunction()">
</body>
</html>
```

运行程序，结果如图 8-12 所示。将鼠标定位在页面中的文本框内，输入英文小写字母，这里输入"r"后松开按键，即可将小写英文字符自动修改为大写字符，如图 8-13 所示。

图 8-12 输入英文小写字母

图 8-13 字母以大写方式显示

8.5 表单相关事件

表单事件实际上就是对元素获得或失去焦点的动作进行控制。可以利用表单事件来改变获得或失去焦点的元素样式，这里的元素可以是同一类型，也可以是不同的类型。

8.5.1 获得焦点与失去焦点事件

当某个元素获得焦点时将触发 onfocus 事件处理程序，而当元素失去焦点时将触发 onblur 事件处理程序。一般情况下，onfocus 事件与 onblur 事件结合使用。例如，可以结合使用 onfocus 事件与 onblur 事件控制文本框获得焦点时改变样式，失去焦点时恢复原来的样式。

实例9 获得焦点与失去焦点事件的应用(案例文件：ch08\8.9.html)

使用 onfocus 事件与 onblur 事件实现文本框背景颜色的改变。用户在选择文本框时，文本框的背景颜色发生变化；当取消选择文本框后，文本框的颜色也会发生变化。

```
<!DOCTYPE html>
<html>
<head></head>
<body>
<input type="text" onFocus="txtfocus()" onBlur="txtblur()">
<script type="text/javascript">
    function txtfocus(){                        //当前元素获得焦点
        var e=window.event;                     //获取事件对象
        var obj=e.srcElement;                   //获取发生事件的元素
        obj.style.background="#00FFFF";         //设置元素背景颜色
    }
    function txtblur(){                         //当前元素失去焦点
        var e=window.event;                     //获取事件对象
        var obj=e.srcElement;                   //获取发生事件的元素
        obj.style.background="#FF0000";         //设置元素背景颜色
    }
</script>
</body>
</html>
```

运行程序,选择文本框输入内容时,可发现文本框的背景色发生了变化,这是通过获取焦点事件 onfocus 来实现的,如图 8-14 所示。当输入框失去焦点时,文本框的背景色变成红色,这是通过失去焦点事件(onblur)来实现的,如图 8-15 所示。

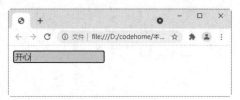

图 8-14　文本框的背景色为蓝色

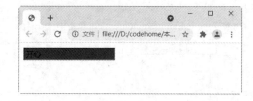

图 8-15　文本框的背景色为红色

8.5.2　失去焦点修改事件

onchange　失去焦点修改事件只在事件对象的值发生改变,并且事件对象失去焦点时触发。该事件一般应用于下拉文本框。

实例 10　用下拉列表框改变字体颜色(案例文件:ch08\8.10.html)

```
<!DOCTYPE html>
<html>
<head></head>
<body>
<form name="form1" method="post" action="">
    <input name="textfield" type="text" value="请选择字体颜色">
    <select name="menu1" onChange="Fcolor()">
        <option value="black">黑</option>
        <option value="yellow">黄</option>
        <option value="blue">蓝</option>
        <option value="green">绿</option>
        <option value="red">红</option>
        <option value="purple">紫</option>
```

```
        </select>
</form>
<script type="text/javascript">
    function Fcolor()
    {
        var e=window.event;
        var obj=e.srcElement;
        form1.textfield.style.color=obj.options[obj.selectedIndex].value;
    }
</script>
</body>
</html>
```

运行程序，结果如图 8-16 所示。单击颜色右侧的下拉按钮，在弹出的下拉列表中选择文本的颜色后，即可看到左侧文本的颜色发生了变化，如图 8-17 所示。

图 8-16　运行结果

图 8-17　改变文本框中文字的颜色

8.5.3　表单提交与重置事件

onsubmit 事件在表单提交时触发，该事件可以用来验证表单输入项的正确性；onreset 事件在表单被重置后触发，一般用于清空表单的内容。

实例 11　表单提交的验证(案例文件：ch08\8.11.html)

使用 onsubmit 事件和 onreset 事件实现表单不为空的验证，以及重置后清空文本框的操作。

```
<!DOCTYPE html>
<html>
<head></head>
<body style="font-size:12px">
<table width="486" height="333" border="0" align="center"
cellpadding="0" cellspacing="0">
    <td align="center" valign="top">
        <table width="86%" border="0" align="center" cellpadding="2"
cellspacing="1" bgcolor="#6699CC">
            <form name="form1" onReset="return AllReset()"
onsubmit="return AllSubmit()">
                <tr bgcolor="#FFFFFF">
                    <td height="22" align="right">所属类别：</td>
                    <td height="22" align="left">
                        <select name="txt1" id="txt1">
                            <option value="蔬菜水果">蔬菜水果</option>
```

```html
                            <option value="干果礼盒">干果礼盒</option>
                            <option value="礼品工艺">礼品工艺</option>
                        </select>
                        <select name="txt2" id="txt2">
                            <option value="西红柿">西红柿</option>
                            <option value="红富士">红富士</option>
                        </select></td>
                </tr>
                <tr bgcolor="#FFFFFF">
                    <td height="22" align="right">商品名称:</td>
                    <td height="22" align="left"><input name="txt3" type="text" id="txt3" size="30" maxlength="50"></td>
                </tr>
                <tr bgcolor="#FFFFFF">
                    <td height="22" align="right">会员价:</td>
                    <td height="22" align="left"><input name="txt4" type="text" id="txt4" size="10"></td>
                </tr>
                <tr bgcolor="#FFFFFF">
                    <td height="22" align="right">提供厂商:</td>
                    <td height="22" align="left"><input name="txt5" type="text" id="txt5" size="30" maxlength="50"></td>
                </tr>
                <tr bgcolor="#FFFFFF">
                    <td height="22" align="right">商品简介:</td>
                    <td height="22" align="left"><textarea name="txt6" cols="35" rows="4" id="txt6"></textarea></td>
                </tr>
                <tr bgcolor="#FFFFFF">
                    <td height="22" align="right">商品数量:</td>
                    <td height="22" align="left"><input name="txt7" type="text" id="txt7" size="10"></td>
                </tr>
                <tr bgcolor="#FFFFFF">
                    <td height="22" colspan="2" align="center"><input name="sub" type="submit" id="sub2" value="提交">
                         
                        <input type="reset" name="Submit2" value="重 置">
                    </td>
                </tr>
            </form>
        </table>
    </td>
</table>
<script type="text/javascript">
    function AllReset()
    {
        if (window.confirm("是否进行重置?"))
            return true;
        else
            return false;
    }
    function AllSubmit()
    {
        var T=true;
```

```
        var e=window.event;
        var obj=e.srcElement;
        for (var i=1;i<=7;i++)
        {
            if (eval("obj."+"txt"+i).value=="")
            {
                T=false;
                break;
            }
        }
        if (!T)
        {
            alert("提交信息不允许为空");
        }
        return T;
    }
</script>
</body>
</html>
```

运行程序，结果如图 8-18 所示。

图 8-18 表单显示效果

在"商品名称"文本框中输入名称，然后单击"提交"按钮，将会弹出一个信息提示框，提示用户提交的信息不允许为空，如图 8-19 所示。

如果信息输入有误，单击"重置"按钮，将弹出一个信息提示框，提示用户是否进行重置，如图 8-20 所示。

图 8-19 提交信息不能为空

图 8-20 提示用户是否重置表单

8.6 就业面试问题解答

面试问题 1：JavaScript 提供了哪些拖放对象的事件？

JavaScript 为用户提供的拖放事件有两类：一类是拖放对象事件，一类是放置目标事件。

1. 拖放对象事件

拖放对象事件包括 ondragstart 事件、ondrag 事件和 ondragend 事件。
- ondragstart 事件：用户开始拖动元素时触发。
- ondrag 事件：元素正在拖动时触发。
- ondragend 事件：用户完成元素拖动后触发。

注意：在对对象进行拖动时，一般要使用 ondragend 事件，用来结束对象的拖动操作。

2. 放置目标事件

放置目标事件包括 ondragenter 事件、ondragover 事件、ondragleave 事件和 ondrop 事件。
- ondragenter 事件：当被拖动的对象进入其容器范围时触发此事件。
- ondragover 事件：当某个对象在另一对象容器范围内拖动时触发此事件。
- ondragleave 事件：当被拖动的对象离开其容器范围时触发此事件。
- ondrop 事件：在拖动过程中，释放鼠标键时触发此事件。

注意：在拖动元素时，每隔 350 毫秒会触发 ondrag 事件。

面试问题 2：如何屏蔽鼠标的右键？

有些网站为了提高网页的安全性，屏蔽了鼠标右键功能。使用鼠标事件函数即可轻松地实现，具体的功能代码如下：

```javascript
<script language="javascript">
function block(Event){
    if(window.event)
        Event = window.event;
    if(Event.button == 2)
        alert("右键被屏蔽");
}
document.onmousedown = block;
</script>
```

8.7 上机练练手

上机练习 1：设计鼠标控制图片轮换效果

设计鼠标控制图片轮换效果，程序运行效果如图 8-21 所示。当鼠标在图片内移动时，效果如图 8-22 所示。

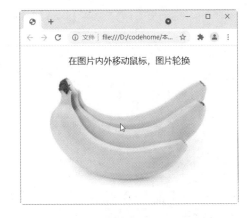

图 8-21　运行效果　　　　　　　图 8-22　鼠标控制图片轮换效果

上机练习 2：实现登录页密码的显示和隐藏功能

本习题要求使用 JavaScript 事件实现登录页密码的显示和隐藏功能。运行程序，输入用户名和密码，效果如图 8-23 所示。单击密码右侧的小图标，即可显示密码，此时小图标也发生了变化，结果如图 8-24 所示。再次单击密码右侧的小图标，还可以恢复密码的隐藏状态。

图 8-23　密码的隐藏状态　　　　　　　图 8-24　密码的显示状态

第 9 章

jQuery 框架快速入门

当今,随着互联网的快速发展,越来越多的程序员开始重视程序功能的封装与开发,进而使自己从烦琐的 JavaScript 中解脱出来,以便在遇到相同问题时可以直接调用,从而提高了项目的开发效率。其中,jQuery 就是一个优秀的 JavaScript 脚本库。本章重点学习 jQuery 框架的选择器。

9.1 认识 jQuery

jQuery 是一个兼容多浏览器的 JavaScript 框架，它的核心理念是"写得更少，做得更多"。jQuery 在 2006 年 1 月由美国人 John Resig 在纽约的 Barcamp 上发布，吸引了来自世界各地众多 JavaScript 高手的加入。如今，jQuery 已经成为最流行的 JavaScript 框架之一。

9.1.1 jQuery 能做什么

最开始，jQuery 所提供的功能非常有限，仅仅能增强 CSS 的选择器功能，如今的 jQuery 已经发展成集 JavaScript、CSS、DOM 和 Ajax 于一体的优秀框架，其模块化的使用方式使开发者可以轻松地开发出功能强大的静态或动态网页。目前，很多网站的动态效果就是利用 jQuery 脚本库制作出来的，如中国网络电视台、CCTV、京东商城等。

下面来介绍京东商城应用的 jQuery 效果，访问京东商城的首页时，在右侧有话费、旅行、彩票、游戏栏目，这里应用 jQuery 实现选项卡的效果。将鼠标指针移动到"话费"栏目上，选项卡中将显示手机话费充值的相关内容，如图 9-1 所示；将鼠标指针移动到"游戏"栏目上，选项卡中将显示游戏充值的相关内容，如图 9-2 所示。

图 9-1 手机话费充值的相关内容

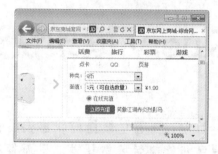

图 9-2 游戏充值的相关内容

9.1.2 jQuery 的特点

jQuery 是一个简洁快速的 JavaScript 脚本库，其独特的选择器、链式的 DOM 操作方式、事件绑定机制、封装完善的 Ajax 都是其他 JavaScript 库望尘莫及的。

jQuery 的主要特点如下。

- 代码短小精湛：jQuery 是一个轻量级的 JavaScript 脚本库，其代码非常短小，采用 Dean Edwards 的 Packer 压缩后，只有不到 30KB，如果服务器端启用 gzip 压缩，甚至只有 16KB。
- 强大的选择器支持：jQuery 可以让操作者使用从 CSS 1 到 CSS 3 几乎所有的选择器，以及 jQuery 独创的高级而复杂的选择器。
- 出色的 DOM 操作封装：jQuery 封装了大量常用的 DOM 操作，使用户编写 DOM 操作相关程序的时候能够得心应手，优雅地完成各种原本非常复杂的操作，让

JavaScript 新手也能写出出色的程序。
- 可靠的事件处理机制：jQuery 的事件处理机制吸取了 JavaScript 专家 Dean Edwards 编写的事件处理函数的精华，使得 jQuery 处理事件绑定的时候相当可靠。在预留退路方面，jQuery 也做得非常不错。
- 完善的 Ajax：jQuery 将所有的 Ajax 操作封装到一个$.ajax 函数中，用户处理 Ajax 的时候能够专心处理业务逻辑，无须关心复杂的浏览器兼容性和 XML Http Request 对象的创建和使用问题。
- 出色的浏览器兼容性：作为一个流行的 JavaScript 库，浏览器的兼容性自然是必须具备的条件之一。jQuery 能够在 IE 6.0+、FF 2+、Safari 2.0+和 Opera 9.0+下正常运行。同时修复了一些浏览器之间的差异，使用户不用在开展项目前因为忙于建立一个浏览器兼容库而焦头烂额。
- 丰富的插件支持：任何事物如果没有很多人的支持，是永远发展不起来的。jQuery 的易扩展性吸引了来自全球的开发者共同编写 jQuery 的扩展插件，目前已经有几百种官方插件支持。
- 开源特点：jQuery 是一个开源的产品，任何人都可以自由地使用。

9.2　下载和安装 jQuery

要想在开发网站的过程中应用 jQuery 库，需要下载并安装它，本章将介绍如何下载与安装 jQuery。

9.2.1　下载 jQuery

jQuery 是一个开源的脚本库，可以从其官方网站(http://jquery.com)下载。下载 jQuery 库的操作步骤如下：

01 在浏览器的地址栏输入 http://jquery.com，按下 Enter 键，即可进入 jQuery 官方网站的首页，如图 9-3 所示。

图 9-3　jQuery 官方网站的首页

02 在 jQuery 官方网站的首页，可以下载最新版本的 jQuery 库。单击 jQuery 库下载链接，即可下载 jQuery 库，如图 9-4 所示。

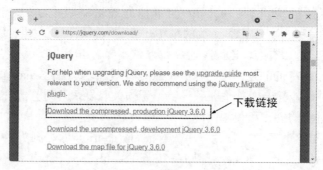

图 9-4　下载 jQuery 库

单击 Download the compressed, production jQuery 3.6.0 链接，将会下载代码压缩版本，下载的文件为 jquery-3.6.0.min.js。如果选择 Download the uncompressed, development jQuery 3.6.0 链接，则下载包含注释的未被压缩的版本，下载的文件为 jquery-3.6.0.js。

9.2.2　安装 jQuery

将 jQuery 库文件 jquery-3.6.0.min.js 下载到本地计算机后，将其名称修改为 jquery.min.js，然后将 jquery.min.js 文件放置到项目文件夹中，再根据需要应用到 jQuery 的页面中即可。

使用下面的语句将其引用到文件中：

```
<script src="jquery.min.js" type="text/javascript"></script>
<!--或者-->
<script Language="javascript" src="jquery.min.js"></script>
```

引用 jQuery 的<script>标签必须放在所有自定义脚本的<script>之前，否则在自定义脚本代码中无法应用 jQuery 脚本库。

9.3　jQuery 选择器

在 JavaScript 中，要想获取网页的 DOM 元素，必须使用该元素的 ID 和 TagName，但是在 jQuery 中，遍历 DOM、事件处理、CSS 控制、动画设计和 Ajax 操作都要依赖选择器。熟练使用选择器，不仅可以简化代码，还可以提升开发效率。

9.3.1　基本选择器

jQuery 的基本选择器是应用最广泛的选择器，是其他类型选择器的基础，是 jQuery 选择器中最为重要的部分，建议读者重点掌握。

1. 通配符选择器(*)

*选择器选取文档中的每个单独的元素,包括 html、head 和 body。如果与其他元素(如嵌套选择器)一起使用,该选择器选取指定元素中的所有子元素。

*选择器的语法格式如下:

```
$(*)
```

例如,选择<body>内的所有元素,代码如下:

```
$("body *")
```

2. ID 选择器(#id)

ID 选择器是利用 DOM 元素的 ID 属性值来筛选匹配的元素,并以 jQuery 包装集的形式返回给对象。ID 选择器的语法格式如下:

```
$("#id")
```

例如,选择<body>中 id 为 choose 的所有元素,代码如下:

```
$("#choose")
```

需要注意的是,不要使用数字开头的 ID 名称,因为在某些浏览器中可能会出问题。

3. 类名选择器(.class)

类名选择器是通过元素拥有的 CSS 类的名称查找匹配的 DOM 元素。与 ID 选择器不同,类名选择器常用于多个元素,这样就可以为带有相同 class 的任何 HTML 元素设置特定的样式。

类名选择器的语法格式如下:

```
$(".class")
```

例如,选择<body>中拥有指定 CSS 类名称为 intro 的所有元素。

```
$(".intro")
```

4. 元素选择器(element)

元素选择器可根据元素名称匹配相应的元素。通俗地讲,元素选择器是根据选择的标记名来选择。多数情况下,元素选择器匹配的是一组元素。

元素选择器的语法格式如下:

```
$("element")
```

例如,选择<body>中标记名为<h1>的元素,代码如下:

```
$("h1")
```

5. 复合选择器

复合选择器是将多个选择器组合在一起,可以是 ID 选择器、类名选择器或元素选择器。它们之间用逗号分开,只要符合其中的任何一个筛选条件就会匹配,并以集合的形式返回 jQuery 包装集。

复合选择器的语法格式如下:

```
$("selector1,selector2,selectorN")
```

参数的含义如下。

- selector1:一个有效的选择器,可以是 ID 选择器、元素选择器或者类名选择器等。
- selector2:另一个有效的选择器,可以是 ID 选择器、元素选择器或者类名选择器等。
- selectorN:任意多个选择器,可以是 ID 选择器、元素选择器或者类名选择器等。

实例 1 获取 id 为 choose 和 CSS 类为 intro 的所有元素(案例文件:ch09\9.1.html)

```
<!DOCTYPE html>
<html>
<head>
    <script language="javascript" src="jquery.min.js"></script>
    <script language="javascript">
        $(document).ready(function(){
            $("#choose,.intro").css("background-color","#B2E0FF");
        });
    </script>
</head>
<body>
<h1 class="intro">老码识途课堂</h1>
<p>公众号介绍</p>
<p>名称:老码识途课堂</p>
<p>发表文章的范围:网站开发、人工智能和网络安全</p>
<div id="choose">
    课程分类:
    <ul>
        <li>网站开发训练营</li>
        <li>网络安全训练营</li>
        <li>人工智能训练营</li>
    </ul>
</div>
</body>
</html>
```

运行结果如图 9-5 所示。可以看到,网页中已突出显示 id 为 choose 和 CSS 类为 intro 的元素内容。

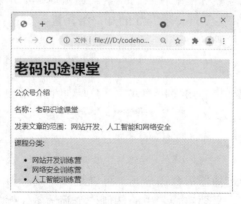

图 9-5 使用复合选择器

9.3.2 层级选择器

层级选择器是根据 DOM 元素之间的层次关系来获取特定的元素，例如后代元素、子元素、相邻元素和兄弟元素等。

1. 祖先后代选择器(ancestor descendant)

ancestor descendant 为祖先后代选择器，其中 ancestor 为祖先元素，descendant 为后代元素，用于选取给定祖先元素下的所有匹配的后代元素。

ancestor descendant 的语法格式如下：

```
$("ancestor descendant")
```

参数的含义如下。
- ancestor：任何有效的选择器。
- descendant：用以匹配元素的选择器，并且是 ancestor 指定元素的后代元素。

例如，要想获取 ul 元素下的全部 li 元素，可以使用如下 jQuery 代码：

```
$("ul li")
```

2. 父子选择器(parent>child)

父子选择器中的 parent 代表父元素，child 代表子元素。该选择器用于选择 parent 的直接子节点 child，而且 child 必须包含在 parent 中，父类是 parent 元素。

parent>child 的语法格式如下：

```
$("parent>child")
```

参数的含义如下。
- parent：指任何有效的选择器。
- child：用以匹配元素的选择器，是 parent 元素的子元素。

例如，要想获取表单中所有元素的子元素 input，可以使用如下 jQuery 代码：

```
$("form>input")
```

3. 相邻元素选择器(prev+next)

相邻元素选择器用于获取所有紧跟在 prev 元素后的 next 元素，其中 prev 和 next 是两个同级别的元素。

prev+next 的语法格式如下：

```
$("prev+next")
```

参数的含义如下。
- prev：指任何有效的选择器。
- next：一个有效的紧接着 prev 的选择器。

例如，要想获取 div 标记后的<p>标记，可以使用如下 jQuery 代码：

```
$("div+p")
```

4. 兄弟选择器(prev ~ siblings)

兄弟选择器用于获取 prev 元素之后的所有 siblings，prev 和 siblings 是两个同辈的元素。prev～siblings 的语法格式如下：

```
$("prev~siblings");
```

参数的含义如下。
- prev：指任何有效的选择器。
- siblings：有效的并列跟随 prev 的选择器。

例如，想要获取与 div 标记同辈的 ul 元素，就可以使用如下 jQuery 代码：

```
$("div~ul")
```

实例 2 使用 jQuery 筛选所需的商品列表(案例文件：ch09\9.2.html)

```html
<!DOCTYPE html>
<html>
<head>
    <style type="text/css">
        .background{background: #cef}
        body{font-size: 20px;}
    </style>
    <script type="text/javascript" src="jquery.min.js"></script>
    <script type="text/javascript">
        $(document).ready(function() {
           $("div~p").addClass("background");
        });
    </script>
</head>
<body>
<h1 align="center">商品列表</h1>
<div>
    <p>商品 1：洗衣机</p>
    <p>商品 2：冰箱</p>
    <p>商品 3：空调</p>
</div>
<p>商品 4：扫地机器人</p>
<p>商品 5：电视机</p>
<p>商品 6：电脑</p>
</body>
</html>
```

运行结果如图 9-6 所示，可以看到，页面中与 div 同级别的<p>元素被筛选出来。

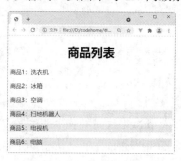

图 9-6　使用兄弟选择器

9.3.3 过滤选择器

jQuery 过滤选择器主要包括简单过滤选择器、内容过滤选择器、可见性过滤器、表单对象的属性选择器等。

1. 简单过滤选择器

简单过滤选择器通常以冒号开头，是用于实现简单过滤效果的过滤器。常用的简单过滤选择器包括 first、:last、:even、:odd 等。

1) :first 选择器

:first 选择器用于选取第一个元素，常见用法就是与其他元素一起使用，选取指定组合中的第一个元素。

:first 选择器的语法格式如下：

```
$(":first")
```

例如，想要选取 body 中的第一个<p>元素，可以使用如下 jQuery 代码：

```
$("p:first")
```

2) :last 选择器

:last 选择器用于选取最后一个元素，常见用法就是与其他元素一起使用，选取指定组合中的最后一个元素。

:last 选择器的语法格式如下：

```
$(":last")
```

例如，想要选取 body 中的最后一个<p>元素，可以使用如下 jQuery 代码：

```
$("p:last")
```

3) :even

:even 选择器用于选取每个带有偶数 index 值的元素(比如 2、4、6)。index 值从 0 开始，第一个元素是偶数(0)。常见用法是与其他元素或选择器一起使用，选择指定组中偶数序号的元素。

:even 选择器的语法格式如下：

```
$(":even")
```

例如，想要选取表格中的所有偶数元素，可以使用如下 jQuery 代码：

```
$("tr:even")
```

4) :odd

:odd 选择器用于选取每个带有奇数 index 值的元素(比如 1、3、5)。常见用法是与其他元素或选择器一起使用，选择指定组中奇数序号的元素。

:odd 选择器的语法格式如下：

```
$(":odd")
```

例如,想要选取表格中的所有奇数元素,可以使用如下 jQuery 代码:

```
$("tr:odd")
```

实例3 使用 jQuery 制作隔行(奇数行)变色的表格(案例文件:ch09\9.3.html)

```html
<!DOCTYPE html>
<html>
<head>
    <script language="javascript" src="jquery.min.js"></script>
    <script type="text/javascript">
        $(document).ready(function(){
            $("tr:odd").css("background-color","#B2E0FF");
        });
    </script>
    <style>
        *{
            padding: 0px;
            margin: 0px;
        }
        body{
            font-family: "黑体";
            font-size: 20px;
        }
        table{
            text-align: center;
            width: 500px;
            border: 1px solid green;
        }
        td{
            border: 1px solid green;
            height: 30px;
        }
        h2{
            text-align: center;
        }
    </style>
</head>
<body>
<h2>水果库存表</h2>
<table>
    <tr>
        <th>编号</th>
        <th>名称</th>
        <th>价格</th>
        <th>库存</th>
    </tr>
    <tr>
        <td>S0001</td>
        <td>葡萄</td>
        <td>9.99元每公斤</td>
        <td>6900吨</td>
    </tr>
    <tr>
```

```
            <td>S0002</td>
            <td>香蕉</td>
            <td>7.88 元每公斤</td>
            <td>1900 吨</td>
        </tr>
        <tr>
            <td>S0003</td>
            <td>苹果</td>
            <td>6.88 元每公斤</td>
            <td>6600 吨</td>
        </tr>
        <tr>
            <td>S0004</td>
            <td>菠萝</td>
            <td>8.88 元每公斤</td>
            <td>8800 吨</td>
        </tr>
    </table>
</body>
</html>
```

运行结果如图 9-7 所示。可以看到，表格中的奇数行被选取出来。

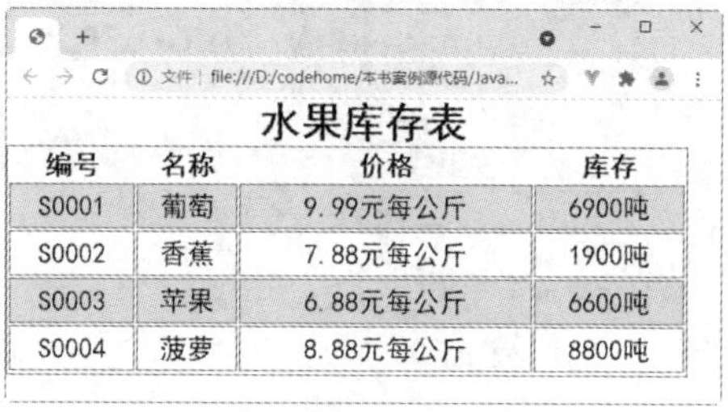

图 9-7　使用:odd 选择器

2. 内容过滤选择器

内容过滤选择器通过 DOM 元素包含的文本内容以及是否含有匹配的元素来获取内容，常见的内容过滤器有:contains(text)、:empty、:parent 等。

1) :contains(text)

:contains 选择器用于选取包含指定字符串的元素，该字符串可以是直接包含在元素中的文本，或者被包含于子元素中。该选择器经常与其他元素或选择器一起使用，以选择指定组中包含指定文本的元素。

:contains(text)选择器的语法格式如下：

```
$(":contains(text)")
```

例如，想要选取所有包含"is"的<p>元素，可以使用如下 jQuery 代码：

```
$("p:contains(is)")
```

2) :empty

:empty 选择器用于选取所有不包含子元素或者文本的空元素。:empty 选择器的语法格式如下：

```
$(":empty")
```

例如，要想选取表格中的所有空元素，可以使用如下 jQuery 代码：

```
$("td:empty")
```

3）:parent

:parent 用于选取包含子元素或文本的元素，:parent 选择器的语法格式如下：

```
$(":parent")
```

例如，要想选取表格中所有包含内容的子元素，可以使用如下 jQuery 代码：

```
$("td:parent")
```

实例 4 选择表格中包含内容的单元格（案例文件：ch09\9.4.html）

```html
<!DOCTYPE html>
<html>
<head>
    <script language="javascript" src="jquery.min.js"></script>
    <script type="text/javascript">
        $(document).ready(function(){
            $("td:parent").css("background-color","#B2E0FF");
        });
    </script>
    <style>
        *{
            padding: 0px;
            margin: 0px;
        }
        body{
            font-family: "黑体";
            font-size: 20px;
        }
        table{
            text-align: center;
            width: 500px;
            border: 1px solid green;
        }
        td{
            border: 1px solid green;
            height: 30px;
        }
        h2{
            text-align: center;
        }
    </style>
</head>
<body>
<h2>水果库存表</h2>
<table>
    <tr>
        <th>编号</th>
        <th>名称</th>
```

```html
            <th>价格</th>
            <th>库存</th>
        </tr>
        <tr>
            <td>S0001</td>
            <td>葡萄</td>
            <td>8.88元/千克</td>
            <td>6900吨</td>
        </tr>
        <tr>
            <td>S0002</td>
            <td>苹果</td>
            <td></td>
            <td>1900吨</td>
        </tr>
        <tr>
            <td>S0003</td>
            <td></td>
            <td>9.99元/千克</td>
            <td></td>
        </tr>
        <tr>
            <td>S0004</td>
            <td>菠萝</td>
            <td></td>
            <td>8800吨</td>
        </tr>
</table>
</body>
</html>
```

运行结果如图 9-8 所示。可以看到，表格中包含内容的单元格被选取出来。

图 9-8 使用:parent 选择器

3. 可见性过滤器

元素的可见状态有隐藏和显示两种。可见性过滤器利用元素的可见状态来匹配元素。可见性过滤器也有两种，分别是用于隐藏元素的:hidden 选择器和用于显示元素的:visible 选择器。

:hidden 选择器的语法格式如下：

```
$(":hidden")
```

例如，想要获取页面中所有隐藏的<p>元素，可以使用如下 jQuery 代码：

```
$("p:hidden")
```

:visible 选择器的语法格式如下:

```
$(":visible")
```

例如,要想获取页面中所有可见的表格元素,可以使用如下 jQuery 代码:

```
$("table:visible")
```

实例 5 获取页面中所有隐藏的元素和显示表格元素(案例文件:ch09\9.5.html)

```
<!DOCTYPE html>
<html>
<head>
    <script language="javascript" src="jquery.min.js"></script>
    <script type="text/javascript">
        $(document).ready(function(){
            $("table:visible").css("background-color","#B2E0FF");
        });
    </script>
<style>
        *{
            padding: 0px;
            margin: 0px;
        }
        body{
            font-family: "黑体";
            font-size: 20px;
        }
        table{
            text-align: center;
            width: 500px;
            border: 1px solid green;
        }
        td{
            border: 1px solid green;
            height: 30px;
        }
        h2{
            text-align: center;
        }
        div {
            width: 70px;
            height: 40px;
            background: #e7f;
            margin: 5px;
            float: left;
        }
        span {
            display: block;
            clear: left;
            color: black;
        }
        .starthidden {
```

```html
            display: none;
        }
    </style>
</head>
<body>
<span></span>
<div></div>
<div style="display:none;">隐藏的元素 1</div>
<div></div>
<div class="starthidden">隐藏的元素 2</div>
<div></div>
<form>
    <input type="hidden">
    <input type="hidden">
    <input type="hidden">
</form>
<span></span>
<script>
    var hiddenElements = $("body").find(":hidden").not("script");
    $("span:first").text("发现" + hiddenElements.length + "个隐藏元素");
    $("div:hidden").show(3000);
    $("span:last").text("发现" + $("input:hidden").length + "个隐藏input元素");
</script>
<h2>水果库存表</h2>
<table>
    <tr>
        <th>编号</th>
        <th>名称</th>
        <th>价格</th>
        <th>库存</th>
    </tr>
    <tr>
        <td>S0001</td>
        <td>葡萄</td>
        <td>9.99元/千克</td>
        <td>6900吨</td>
    </tr>
    <tr>
        <td>S0002</td>
        <td>香蕉</td>
        <td>7.88元/千克</td>
        <td>1900吨</td>
    </tr>
    <tr>
        <td>S0003</td>
        <td>苹果</td>
        <td>6.88元/千克</td>
        <td>6600吨</td>
    </tr>
    <tr>
        <td>S0004</td>
        <td>菠萝</td>
        <td>8.88元/千克</td>
        <td>8800吨</td>
```

```
        </tr>
    </table>
</body>
</html>
```

运行结果如图 9-9 所示。可以看到，网页中所有隐藏的元素都被显示出来，而且表格中所有元素都被显示出来。

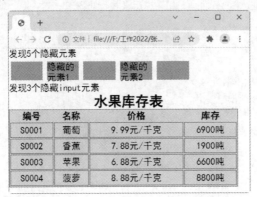

图 9-9　使用:hidden 选择器和:visible 选择器

4. 表单选择器

表单选择器用于选取经常在表单内出现的元素。不过，选取的元素不一定在表单之中，jQuery 提供的表单选择器主要有以下几种。

1) :input

:input 选择器用于选取表单元素，该选择器的语法格式如下：

```
$(":input")
```

例如，为页面中所有的表单元素添加背景色，代码如下：

```
<script language="javascript" src="jquery.min.js"></script>
<script type="text/javascript">
    $(document).ready(function(){
        $(":input").css("background-color","#B2E0FF");
    });
</script>
```

2) :text

:text 选择器用于选取类型为 text 的所有<input>元素。该选择器的语法格式如下：

```
$(":text")
```

例如，为页面中类型为 text 的<input>元素添加背景色，代码如下：

```
<script type="text/javascript">
    $(document).ready(function(){
        $(":text").css("background-color","#B2E0FF");
    });
</script>
```

3) :password

:password 选择器用于选取类型为 password 的所有<input>元素。该选择器的语法格式如下：

```
$(":password")
```

例如，为页面中类型为 password 的元素添加背景色，代码如下：

```
<script type="text/javascript">
   $(document).ready(function(){
      $(":password").css("background-color","#B2E0FF");
   });
</script>
```

4) :radio

:radio 选择器用于选取类型为 radio 的<input>元素。该选择器的语法格式如下：

```
$(":radio")
```

例如，隐藏页面中的单选按钮，代码如下：

```
<script type="text/javascript">
   $(document).ready(function(){
      $(".btn1").click(function(){
         $(":radio").hide();
      });
   });
</script>
```

5) :checkbox

:checkbox 选择器用于选取类型为 checkbox 的<input>元素。该选择器的语法格式如下：

```
$(":checkbox")
```

例如，隐藏页面中的复选框，代码如下：

```
<script type="text/javascript">
   $(document).ready(function(){
      $(".btn1").click(function(){
         $(":checkbox").hide();
      });
   });
</script>
```

6) :submit

:submit 选择器用于选取类型为 submit 的<button>和<input>元素。如果没有为<button>元素定义类型，大多数浏览器会把该元素当作 submit 类型的按钮。该选择器的语法格式如下：

```
$(":submit")
```

例如，为类型为 submit 的<input>和<button>元素添加背景色，代码如下：

```
<script type="text/javascript">
   $(document).ready(function(){
      $(":submit").css("background-color","#B2E0FF");
```

```
});
</script>
```

7) :reset

:reset 选择器用于选取类型为 reset 的<button>和<input>元素。该选择器的语法格式如下:

```
$(":reset")
```

例如,为类型为 reset 的所有<input>和<button>元素添加背景色,代码如下:

```
<script type="text/javascript">
   $(document).ready(function(){
      $(":reset").css("background-color","#B2E0FF");
   });
</script>
```

8) :button

:button 选择器用于选取类型为 button 的<button>元素和<input>元素。该选择器的语法格式如下:

```
$(":button")
```

例如,为类型为 button 的<input>和<button>元素添加背景色,代码如下:

```
<script type="text/javascript">
   $(document).ready(function(){
      $(":button").css("background-color","#B2E0FF");
   });
</script>
```

9) :image

:image 选择器用于选取类型为 image 的<input>元素。该选择器的语法格式如下:

```
$(":image")
```

例如,使用 jQuery 为图像域添加图片,代码如下:

```
<script type="text/javascript">
   $(document).ready(function(){
      $(":image").attr("src","1.jpg");
   });
</script>
```

10) :file

:file 选择器用于选取类型为 file 的<input>元素。该选择器的语法格式如下:

```
$(":file")
```

实例 6 为类型为 file 的所有<input>元素添加背景色(案例文件:ch09\9.6.html)

```
<!DOCTYPE html>
<html>
<head>
   <script language="javascript" src="jquery.min.js"></script>
   <script type="text/javascript">
      $(document).ready(function(){
```

```
            $(":file").css("background-color","#B2E0FF");
        });
    </script>
</head>
<body>
<form action="">
    姓名: <input type="text" name="姓名" />
    <br />
    密码: <input type="password" name="密码" />
    <br />
    头像: <input type="file">
    <br />
    <input type="reset" value="重置" />
    <input type="submit" value="提交" />
</form>
</body>
</html>
```

运行结果如图 9-10 所示。可以看到，网页中表单类型为 file 的元素被添加了背景色。

图 9-10　使用 :file 选择器

9.3.4　属性选择器

属性选择器是将元素的属性作为过滤条件来筛选对象的选择器，常见的属性选择器主要有以下几种。

1) [attribute]

[attribute]用于选择每个带有指定属性的元素，可以选取带有任何属性的元素，而且对属性没有限制。[attribute]选择器的语法格式如下：

```
$("[attribute]")
```

例如，想要选择页面中带有 id 属性的所有元素，可以使用如下 jQuery 代码：

```
$("[id]")
```

例如，为有 id 属性的元素添加背景色，代码如下：

```
<script type="text/javascript">
    $(document).ready(function(){
        $("[id]").css("background-color","#B2E0FF");
    });
</script>
```

2) [attribute=value]

[attribute=value]选择器用于选取每个带有指定属性和值的元素。[attribute=value]选择

器的语法格式如下：

```
$("[attribute=value]")
```

参数含义说明如下。
- attribute：必需，规定要查找的属性。
- value：必需，规定要查找的值。

例如，想要选择页面中每个 id="choose"的元素，可以使用如下 jQuery 代码：

```
$("[id=choose]")
```

例如，为 id="choose"属性的元素添加背景色，代码如下：

```
<script type="text/javascript">
  $(document).ready(function(){
      $("[id=choose]").css("background-color","#B2E0FF");
  });
</script>
```

3) [attribute!=value]

[attribute!=value]选择器用于选取每个不带有指定属性及值的元素。不过，带有指定的属性，但不带有指定的值的元素，也会被选择。

[attribute!=value]选择器的语法格式如下：

```
$("[attribute!=value]")
```

参数含义说明如下。
- attribute：必需，规定要查找的属性。
- value：必需，规定要查找的值。

例如，想要选择<body>标签中不包含 id="names"的元素，可以使用如下 jQuery 代码：

```
$("body[id!=names]")
```

例如，为不包含 id="names"属性的元素添加背景色，代码如下：

```
<script type="text/javascript">
  $(document).ready(function(){
      $("body [id!=names]").css("background-color","#B2E0FF");
  });
</script>
```

4) [attribute$=value]

[attribute$=value]选择器用于选取每个带有指定属性且以指定字符串结尾的元素。
[attribute$=value]选择器的语法格式如下：

```
$("[attribute$=value]")
```

参数含义说明如下。
- attribute：必需，规定要查找的属性。
- value：必需，规定要查找的值。

例如，选择所有带 id 属性且属性值以 name 结尾的元素，可使用如下 jQuery 代码：

```
$("[id$=name]")
```

实例7 为带有id属性且属性值以name结尾的元素添加背景色(案例文件：ch09\9.7.html)

```html
<!DOCTYPE html>
<html>
<head>
    <script language="javascript" src="jquery.min.js"></script>
    <script type="text/javascript">
        $(document).ready(function(){
            $("[id$=name]").css("background-color","#B2E0FF");
        });
    </script>
</head>
<body>
<h1 id="name">老码识途课堂</h1>
<p id="sname">公众号介绍</p>
<p id="qname">名称：老码识途课堂</p>
<p>发表文章的范围：网站开发、人工智能和网络安全</p>
<div id="choose">
    课程分类：
    <ul>
        <li>网站开发训练营</li>
        <li>网络安全训练营</li>
        <li>人工智能训练营</li>
    </ul>
</div>
<div id="books">
    教程分类：
    <ul>
        <li>网站开发教材</li>
        <li>网络安全教材</li>
        <li>人工智能教材</li>
    </ul>
</div>
</body>
</html>
```

运行结果如图9-11所示，所有带有id属性且属性值以name结尾的元素均被添加了颜色。

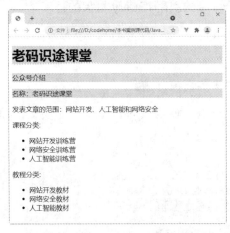

图9-11　使用[attribute$=value]选择器

9.4 就业面试问题解答

面试问题 1：如何解决 window.onload 函数的冲突？

页面的 HTML 框架只有在页面全部加载后才能被调用，所以 window.onload 函数的使用频率相当高，由此带来的冲突不容忽视。jQuery 中的 ready()函数很好地解决了这种冲突，它自动在页面加载结束后再运行函数。同一个页面可以使用多个 ready()函数，它们之间不存在冲突。例如：

```
$(document).ready(function(){
$("table .datalist tr:nth-child(odd)").addClass("altrow"); });
```

上面的代码也可以实现表格的奇偶行变色。

面试问题 2：如何解决$的冲突？

一般来说，使用简单的$()编写代码可以简化工作量，但是在有些情况下不能使用$()，因为$有时候可能已经被其他的 JavaScript 库定义、使用了，这时候就会出现冲突。为此，jQuery 提供了 jQuery.noConflict()方法来避免$()冲突的问题。同时，还可以为 jQuery 定义一个别名。例如：

```
var $j = jQuery.noConflict();
$j(document).ready(function){
……
});
```

这就是将 jQuery 定义为新的名称$j，之后只需要使用$j 即可避免$()与其他 JavaScript 库的冲突。

9.5 上机练练手

上机练习 1：制作一个简单的引用 jQuery 框架的程序

制作一个简单的引用 jQuery 框架的网页，运行程序，将弹出如图 9-12 所示的对话框。

上机练习 2：选择文本中的奇数行输出

本实例的代码中有 6 个<p>，使用 jQuery 选择器选择其中的奇数行并输出，运行结果如图 9-13 所示。

```
<p>第一行：山冥云阴重，天寒雨意浓。</p>
<p>第二行：数枝幽艳湿啼红。</p>
<p>第三行：莫为惜花惆怅，对东风。</p>
<p>第四行：蓑笠朝朝出，沟塍处处通。</p>
<p>第五行：人间辛苦是三农。</p>
<p>第六行：要得一犁水足，望年丰。</p>
```

第 9 章 jQuery 框架快速入门

图 9-12 引用 jQuery 框架的程序

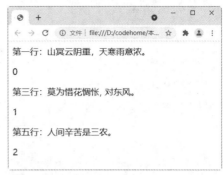

图 9-13 选择文本中的奇数行并输出

第10章

jQuery 页面控制

在网页制作方面，jQuery 具有强大的功能。从本章开始，将陆续讲解 jQuery 的实用功能。本章主要介绍 jQuery 如何控制页面，例如对标记的属性、表单元素、元素的 CSS 样式等进行操作，以及获取与编辑 DOM 节点等。

10.1 页面内容操作

jQuery 提供了对元素内容进行操作的方法，元素内容是指定义元素的起始标记和结束标记之间的内容，可以分为文本内容和 HTML 内容。

10.1.1 文本内容操作

jQuery 提供了 text()和 text(val)两种方法，用于对文本内容进行操作，主要作用是设置或返回所选元素的文本内容。其中，text()用来获取全部匹配元素的文本内容，text(val)方法用来设置全部匹配元素的文本内容。

1. 获取文本内容

实例 1 获取指定古诗内容并显示出来(案例文件：ch10\10.1.html)

```html
<!DOCTYPE html>
<html>
<head>
    <script language="javascript" src="jquery.min.js"></script>
    <script language="javascript">
        $(document).ready(function(){
            $("#btn1").click(function(){
                alert("古诗内容为： " + $("#test").text());
            });
        });
    </script>
</head>
<body>
<p id="test">洛阳城里见秋风，欲作家书意万重。</p>
<p id="mytest">复恐匆匆说不尽，行人临发又开封。</p>
<button id="btn1">获取古诗的内容</button>
</body>
</html>
```

运行程序，单击"获取古诗的内容"按钮，id 为 test 的内容将会弹出，效果如图 10-1 所示。

图 10-1 获取古诗的内容

2. 修改文本内容

下面通过例子来理解如何修改文本的内容。

实例2 修改古诗的内容(案例文件：ch10\10.2.html)

```html
<!DOCTYPE html>
<html>
<head>
    <script language="javascript" src="jquery.min.js"></script>
    <script language="javascript">
        $(document).ready(function(){
            $("#btn1").click(function(){
                $("#test1").text("山远天高烟水寒，相思枫叶丹。");
            });
        });
    </script>
</head>
<body>
<p id="test1">塞雁高飞人未还，一帘风月闲。</p>
<button id="btn1">修改古诗的内容</button>
</body>
</html>
```

运行程序，结果如图 10-2 所示。单击"修改古诗的内容"按钮，最终结果如图 10-3 所示。

图 10-2　程序初始结果

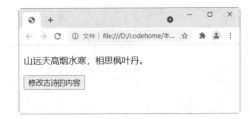

图 10-3　修改古诗的内容

10.1.2　HTML 内容操作

jQuery 提供的 html()方法用于设置或返回所选元素的内容，这里包括<html>标记。

1. 获取 HTML 内容

下面通过例子来理解如何获取 HTML 的内容。

实例3 获取 HTML 内容(案例文件：ch10\10.3.html)

```html
<!DOCTYPE html>
<html>
<head>
    <script language="javascript" src="jquery.min.js"></script>
    <script language="javascript">
        $(document).ready(function(){
```

```
            $("#btn1").click(function(){
                alert("HTML 内容为: " + $("#test").html());
            });
        });
    </script>
</head>
<body>
<p id="test">古诗的内容：<i>不知冰冱何时了，一见梅花眼便清。</i> </p>
<button id="btn1">获取 HTML 内容</button>
</body>
</html>
```

运行程序，单击"获取 HTML 内容"按钮，结果如图 10-4 所示。

图 10-4 获取 HTML 内容

2. 修改 HTML 内容

下面通过例子来理解如何修改 HTML 的内容。

实例 4 修改 HTML 内容(案例文件：ch10\10.4.html)

```
<!DOCTYPE html>
<html>
<head>
    <script language="javascript" src="jquery.min.js"></script>
    <script language="javascript">
        $(document).ready(function(){
            $("#btn1").click(function(){
                $("#test1").html("<i>酒尽灯残夜二更，打窗风雪映空明。</i> ");
            });
        });
    </script>
</head>
<body>
<p id="test1">驰来北马多骄气，歌到南风尽死声。</p>
<button id="btn1">修改 HTML 内容</button>
</body>
</html>
```

运行程序，结果如图 10-5 所示。单击"修改 HTML 内容"按钮，结果如图 10-6 所示。可见不仅内容发生了变化，而且字体也修改为斜体了。

第 10 章 jQuery 页面控制

图 10-5 程序初始结果

图 10-6 修改 HTML 内容

10.2 标记属性操作

jQuery 提供了对标记的属性进行操作的方法。

10.2.1 获取属性的值

jQuery 提供的 prop()方法主要用于设置或返回被选元素的属性值。

实例 5 获取图片的属性值(案例文件：ch10\10.5.html)

```
<!DOCTYPE html>
<html>
<head>
    <script language="javascript" src="jquery.min.js"></script>
    <script language="javascript">
        $(document).ready(function(){
            $("button").click(function(){
                alert("图像宽度为: " + $("img").prop("width")+", 高度为: " + $("img").prop("height"));
            });
        });
    </script>
</head>
<body>
<img src="01.jpg" />
<br />
<button>查看图像的属性</button>
</body>
</html>
```

运行程序，单击"查看图像的属性"按钮，结果如图 10-7 所示。

图 10-7 获取属性的值

10.2.2 设置属性的值

prop()方法除了可以获取元素属性的值之外，还可以通过它设置属性的值。具体的语法格式如下：

```
prop(name,value);
```

该方法将元素的 name 属性的值设置为 value。

 attr(name,value)方法也可以设置元素的属性值。读者可以自行测试效果。

实例6 改变图像的宽度(案例文件：ch10\10.6.html)

```
<!DOCTYPE html>
<html>
<head>
    <script language="javascript" src="jquery.min.js"></script>
    <script language="javascript">
      $(document).ready(function(){
        $("button").click(function(){
          $("img").prop("width","200");
        });
      });
    </script>
</head>
<body>
<img src="02.jpg" />
<br />
<button>修改图像的宽度</button>
</body>
</html>
```

运行程序，结果如图 10-8 所示。单击"修改图像的宽度"按钮，最终结果如图 10-9 所示。

图 10-8 程序初始结果

图 10-9 修改图像的宽度

10.2.3 删除属性的值

jQuery 提供的 removeAttr(name)方法用来删除属性的值。

实例 7 删除所有 p 元素的 style 属性(案例文件：ch10\10.7.html)

```
<!DOCTYPE html>
<html>
<head>
    <script language="javascript" src="jquery.min.js"></script>
    <script language="javascript">
        $(document).ready(function(){
            $("button").click(function(){
                $("p").removeAttr("style");
            });
        });
    </script>
</head>
<body>
<h1>对雪</h1>
<p style="font-size:26px;color:red;font-weight:bold">六出飞花入户时，坐看青竹变琼枝。</p>
<p style="font-size:20px;color:blue;font-weight:bold">如今好上高楼望，盖尽人间恶路岐。</p>
<button>删除所有 p 元素的 style 属性</button>
</body>
</html>
```

运行程序，结果如图 10-10 所示。单击"删除所有 P 元素的 style 属性"按钮，最终结果如图 10-11 所示。

图 10-10 程序初始结果

图 10-11 删除所有 p 元素的 style 属性

10.3 表单元素操作

jQuery 提供了对表单元素进行操作的方法。

10.3.1 获取表单元素的值

val()方法返回或设置被选元素的值。元素值是通过 value 属性设置的，该方法大多用于表单元素。如果该方法未设置参数,则返回被选元素的当前值。

实例 8 获取表单元素的值并显示出来(案例文件:ch10\10.8.html)

```
<!DOCTYPE html>
<html>
<head>
    <script language="javascript" src="jquery.min.js"></script>
    <script language="javascript">
        $(document).ready(function(){
            $("button").click(function(){
                alert($("input:password ").val());
            });
        });
    </script>
</head>
<body>
    账户名称:<input type="text" name="name" value="张三丰" /><br />
    账户密码:<input type="password" name="mypass" value="12345678" /><br />
    <button>获取账户密码</button>
</body>
</html>
```

运行程序,单击"获取账户密码"按钮,结果如图 10-12 所示。

图 10-12 获取表单元素的值

10.3.2 设置表单元素的值

val()方法也可以设置表单元素的值。具体语法格式如下:

```
$("selector").val(value);
```

实例 9 设置表单元素的值(案例文件:ch10\10.9.html)

```
<!DOCTYPE html>
<html>
<head>
    <script language="javascript" src="jquery.min.js"></script>
    <script language="javascript">
        $(document).ready(function(){
            $("button").click(function(){
                $(":text").val("电视机");
            });
```

```
      });
   </script>
</head>
<body>
<p>今日秒杀的商品是：<input type="text" name="name" value="洗衣机" /></p>
<button>更新文本域的值</button>
</body>
</html>
```

运行程序，结果如图 10-13 所示。单击"更新文本域的值"按钮，最终结果如图 10-14 所示。

图 10-13　程序初始结果　　　　　　　图 10-14　改变文本域的值

10.4　元素的 CSS 样式操作

通过 jQuery，用户可以很容易地对 CSS 样式进行操作。

10.4.1　添加 CSS 类

addClass()方法主要是向被选元素添加一个或多个类。

下面的例子展示如何向不同的元素添加 class 属性。当然，在添加类时，也可以选取多个元素。

实例 10　向不同的元素添加 class 属性(案例文件：ch10\10.10.html)

```
<!DOCTYPE html>
<html>
<head>
   <script language="javascript" src="jquery.min.js"></script>
   <script language="javascript">
      $(document).ready(function(){
         $("button").click(function(){
            $("h1,h2,p").addClass("important blue");
            $("div").addClass("important");
         });
      });
   </script>
   <style type="text/css">
      .important
      {
         font-weight: bold;
```

```
            font-size: x-large;
        }
        .blue
        {
            color: blue;
        }
    </style>
</head>
<body>
<h1>寄黄几复</h1>
<h3>宋代：黄庭坚</h3>
<p>我居北海君南海，寄雁传书谢不能。</p>
<p>桃李春风一杯酒，江湖夜雨十年灯。</p>
<div>持家但有四立壁，治病不蕲三折肱。</div>
<div>想见读书头已白，隔溪猿哭瘴溪藤。</div>
<br />
<button>向元素添加CSS类</button>
</body>
</html>
```

运行程序，结果如图10-15所示。单击"向元素添加CSS类"按钮，最终结果如图10-16所示。

图10-15　程序初始结果

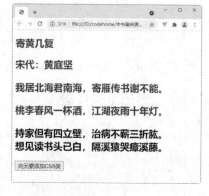

图10-16　向不同的元素添加class属性

10.4.2　删除CSS类

removeClass()方法主要是从被选元素删除一个或多个类。

实例11　删除CSS类(案例文件：ch10\10.11.html)

```
<!DOCTYPE html>
<html>
<head>
    <script language="javascript" src="jquery.min.js"></script>
    <script language="javascript">
        $(document).ready(function(){
            $("button").click(function(){
                $("h1,h3,p").removeClass("important blue");
            });
```

```
        });
    </script>
    <style type="text/css">
        .important
        {
            font-weight: bold;
            font-size: x-large;
        }
        .blue
        {
            color: blue;
        }
    </style>
</head>
<body>
<h1 class="blue">牧童诗</h1>
<h3 class="blue">骑牛远远过前村</h3>
<p class="blue">短笛横吹隔陇闻</p>
<p class="important ">多少长安名利客</p>
<p class="important ">机关用尽不如君</p>
<button>从元素上删除 CSS 类</button>
</body>
</html>
```

运行程序，结果如图 10-17 所示。单击"从元素上删除 CSS 类"按钮，最终结果如图 10-18 所示。

图 10-17　程序初始结果

图 10-18　从元素上删除 CSS 类

10.4.3　动态操控 CSS 类

jQuery 提供的 toggleClass()方法的主要作用是设置或移除被选元素的一个或多个 CSS 类。该方法检查每个元素中指定的类，如果不存在则添加类，如果已设置则删除。不过，通过使用 switch 参数，我们可以规定只删除或添加类。具体语法格式如下：

```
$(selector).toggleClass(class,switch)
```

其中，class 是必需的，规定添加或移除 class 的指定元素。如需规定多个 class，可使用空格来分隔类名。switch 是可选的布尔值，确定是否添加或移除 class。

实例12 动态操控 CSS 类(案例文件：ch10\10.12.html)

```html
<!DOCTYPE html>
<html>
<head>
    <script language="javascript" src="jquery.min.js"></script>
    <script language="javascript">
        $(document).ready(function(){
            $("button").click(function(){
                $("p").toggleClass("c1");
            });
        });
    </script>
    <style type="text/css">
        .c1
        {
            font-size: 200%;
            color: red;
        }
    </style>
</head>
<body>
<h1>鄂州南楼书事</h1>
<p>四顾山光接水光，凭栏十里芰荷香。</p>
<p>清风明月无人管，并作南楼一味凉。</p>
<button>切换类样式</button>
</body>
</html>
```

运行程序，结果如图 10-19 所示。单击"切换类样式"按钮，最终结果如图 10-20 所示。再次单击上面的按钮，则会在两个不同的效果之间切换。

图 10-19　程序初始结果

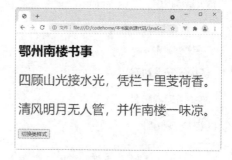

图 10-20　切换类样式

10.4.4　获取和设置 CSS 样式

jQuery 提供的 css()方法用来获取或设置匹配的元素的一个或多个样式属性。
通过 css(name)来获得某样式的值。

实例13 获取 CSS 样式(案例文件：ch10\10.13.html)

```html
<!DOCTYPE html>
<html>
<head>
```

```
    <script language="javascript" src="jquery.min.js"></script>
    <script language="javascript">
        $(document).ready(function(){
            $("button").click(function(){
                alert($("p").css("color"));
            });
        });
    </script>
</head>
<body>
<p style="color:red">关山虽胜路难堪，才上征鞍又解骖。</p>
<button type="button">返回段落的颜色</button>
</body>
</html>
```

运行程序，单击"返回段落的颜色"按钮，结果如图 10-21 所示。

图 10-21 获取 CSS 样式

通过 css(name,value)来设置元素的样式。

实例 14 设置 CSS 样式(案例文件：ch10\10.14.html)

```
<!DOCTYPE html>
<html>
<head>
    <script language="javascript" src="jquery.min.js"></script>
    <script language="javascript">
        $(document).ready(function(){
            $("button").click(function(){
                $("p").css("font-size","150%");
                $("div").css("font-size","250%");
            });
        });
    </script>
</head>
<body>
<p>酒尽灯残夜二更，打窗风雪映空明。</p>
<div>驰来北马多骄气，歌到南风尽死声。</div>
<button type="button">改变文字的大小</button>
</body>
</html>
```

运行程序，结果如图 10-22 所示。单击"改变文字的大小"按钮，最终结果如图 10-23 所示。

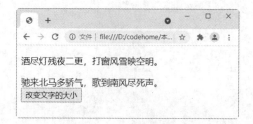
图 10-22 程序初始结果

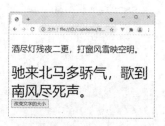
图 10-23 改变文字的大小

10.5 获取与编辑 DOM 节点

jQuery 为简化开发人员的工作，为用户提供了对 DOM 节点进行操作的方法，下面进行详细介绍。

10.5.1 插入节点

在 jQuery 中，插入节点可以分为在元素内部插入和在元素外部插入两种，下面分别进行介绍。

1. 在元素内部插入节点

在元素内部插入节点就是向一个元素中添加子元素和内容，表 10-1 所示为在元素内部插入节点的方法。

表 10-1 在元素内部插入节点的方法

方法	功能
append()	在被选元素的结尾插入内容
appendTo()	在被选元素的结尾插入 HTML 元素
prepend()	在被选元素的开头插入内容
prependTo()	在被选元素的开头插入 HTML 元素

下面通过使用 appendTo()方法的例子来理解。

实例 15 使用 prependTo()方法插入节点(案例文件：ch10\10.15.html)

```
<!DOCTYPE html>
<html>
<head>
    <script src="jquery.min.js"></script>
    <script>
      $(document).ready(function(){
          $("button").click(function(){
              $("<span>*白居易的诗：</span>").prependTo("p");
          });
      });
```

```
        </script>
    </head>
    <body>
        <h3>鹅赠鹤</h3>
        <p>君因风送入青云</p>
        <p>我被人驱向鸭群</p>
        <p>雪颈霜毛红网掌</p>
        <p>请看何处不如君</p>
        <button>插入节点</button>
    </body>
</html>
```

运行程序，结果如图 10-24 所示。单击"插入节点"按钮，即可在每个 p 元素的开头插入 span 元素，即 "*白居易的诗："，结果如图 10-25 所示。

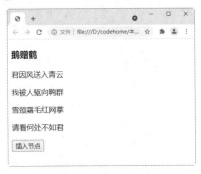

图 10-24　程序初始结果

图 10-25　在每个 p 元素的开头插入 span 元素

2. 在元素外部插入节点

在元素外部插入就是将要添加的内容添加到元素之前或之后，表 10-2 所示为在元素外部插入节点的方法。

表 10-2　在元素外部插入节点的方法

方　法	功　能
after()	在被选元素后插入内容
insertAfter()	在被选元素后插入 HTML 元素
before()	在被选元素前插入内容
insertBefore()	在被选元素前插入 HTML 元素

实例 16　使用 before()方法(案例文件：ch10\10.16.html)

```
<!DOCTYPE html>
<html>
<head>
    <script src="jquery.min.js">
    </script>
    <script>
        $(document).ready(function(){
            $("button").click(function(){
```

```
                $("p").before ("<p>白梅</p>");
            });
        });
    </script>
</head>
<body>
<p>冰雪林中著此身,不同桃李混芳尘。</p>
<p>忽然一夜清香发,散作乾坤万里春。</p>
<button>插入节点</button>
</body>
</html>
```

运行程序,结果如图 10-26 所示。单击"插入节点"按钮,即可在每个 p 元素前插入内容,即"白梅",结果如图 10-27 所示。

图 10-26　程序初始结果

图 10-27　在每个 p 元素前插入"白梅"

10.5.2　删除节点

jQuery 为用户提供了三种删除节点的方法,如表 10-3 所示。

表 10-3　删除节点的方法

方法	功能
remove()	移除被选元素(不保留数据和事件)
detach()	移除被选元素(保留数据和事件)
empty()	从被选元素移除所有子节点和内容

实例 17　使用 remove()方法移除元素(案例文件:ch10\10.17.html)

```
<!DOCTYPE html>
<html>
<head>
    <script language="javascript" src="jquery.min.js"></script>
    <script language="javascript">
        $(document).ready(function(){
            $("button").click(function(){
                $("p").remove();
            });
        });
    </script>
```

```
</head>
<body>
<h1>芦花</h1>
<p>夹岸复连沙，枝枝摇浪花。</p>
<p>月明浑似雪，无处认渔家。</p>
<button>移除所有 P 元素</button>
</body>
</html>
```

运行程序，结果如图 10-28 所示。单击"移除所有 p 元素"按钮，即可移除所有的<p>元素内容，如图 10-29 所示。

图 10-28　程序初始结果　　　　　　图 10-29　移除所有的<p>元素内容

10.5.3　复制节点

使用 jQuery 提供的 clone()方法，可以轻松完成复制节点操作。

实例 18　使用 clone()方法复制节点(案例文件：ch10\10.18.html)

```
<!DOCTYPE html>
<html>
<head>
    <script src="jquery.min.js">
    </script>
    <script>
        $(document).ready(function(){
            $("button").click(function(){
                $("p").clone().appendTo("body");
            });
        });
    </script>
</head>
<body>
<h1>早梅</h1>
<p>迎春故早发，独自不疑寒。</p>
<p>畏落众花后，无人别意看。</p>
<button>复制节点</button>
</body>
</html>
```

运行程序，结果如图 10-30 所示。单击"复制节点"按钮，即可复制所有 p 元素，并在 body 元素中插入它们，结果如图 10-31 所示。

图 10-30　程序初始结果

图 10-31　复制所有 p 元素

10.5.4　替换节点

jQuery 为用户提供了两种替换节点的方法，如表 10-4 所示。两种方法的功能相关，只是两者的表达形式不一样。

表 10-4　替换节点的方法

方　　法	功　　能
replaceAll()	把被选元素替换为新的 HTML 元素
replaceWith()	把被选元素替换为新的内容

下面以 replaceAll()方法为例进行讲解。

实例 19　使用 replaceAll()方法替换节点(案例文件：ch10\10.19.html)

```
<!DOCTYPE html>
<html>
<head>
    <script src="jquery.min.js">
    </script>
    <script>
        $(document).ready(function(){
            $("button").click(function(){
                $("<span><i>扑头飞柳花，与人添鬓华。</i></span>").replaceAll("p:last");
            });
        });
    </script>
</head>
<body>
<p>瘦马驮诗天一涯，倦鸟呼愁村数家。</p>
<p>瘦马驮诗天一涯，倦鸟呼愁村数家。</p>
<button>替换节点</button><br>
</body>
</html>
```

运行程序，结果如图 10-32 所示。单击"替换节点"按钮，即可用一个 span 元素替换最后一个 p 元素，结果如图 10-33 所示。

图 10-32　程序初始结果

图 10-33　用 span 元素替换最后一个 p 元素

10.6　就业面试问题解答

面试问题 1：如何同时使用两个不同版本的 jQuery？

jQuery 开发中，尤其是在扩展旧系统时，因所使用的旧版本 jQuery 无法支持一些新功能，若全部使用新版本 jQuery 则需要修改大量代码，这时候需要同时使用两个 jQuery 版本，但$符号只有一个，需要将其中一个 jQuery 版本的$符号用别的字符表示。以两个版本 jQuery 为例，先载入新版本 jQuery，载入后将$重命名。注意下列代码的位置，顺序不可调换。

```
<script type="text/javascript" src="jquery-new.js"></script>
<script type="text/javascript">
    var $jq = $.noConflict(true);
</script>
<script type="text/javascript" src=" jquery-old.js"></script>
```

使用时，如果是新版本中的函数或插件，可以用$jq 代替$。对于旧版本，仍然使用$。例如：

```
$jq('#abc').attr('title','xxx');
```

面试问题 2：如何检查段落中是否添加了指定的 CSS 类？

使用 hasClass()方法可以检查被选元素是否包含指定的 CSS 类。语法格式如下：

```
$(selector).hasClass(class)
```

其中，class 是在指定元素中查找的类。

例如，检查第一个<p>元素是否包含 intro 类。

```
$("button").click(function(){
  alert($("p:first").hasClass("intro"));
});
```

10.7　上机练练手

上机练习 1：删除 div 元素的所有子元素

在 jQuery 中，使用 empty()方法可以直接删除元素的所有子元素。

运行程序，结果如图 10-34 所示。单击"删除 div 块中的内容"按钮，即可删除 div 块中的所有内容，结果如图 10-35 所示。

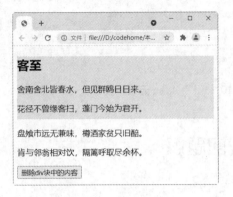 

图 10-34　程序初始结果　　　　　　　图 10-35　删除 div 块中的所有内容

上机练习 2：制作奇偶变色的表格

在网站制作中，经常需要制作奇偶行变色的表格。本案例要求通过 jQuery 实现该效果。将鼠标放在单元格上，整行将变成红色底纹效果，程序运行结果如图 10-36 所示。

图 10-36　奇偶行变色的表格

第 11 章

jQuery 事件处理

　　JavaScript 以事件驱动方式实现页面交互，从而使页面具有动态性和响应性，如果没有事件，很难完成页面与用户之间的交互。事件驱动的核心：以消息为基础，以事件为驱动。jQuery 增加并扩展了基本的事件处理机制，大大增强了事件处理的能力。本章将重点学习 jQuery 事件处理的方法和技巧。

11.1 jQuery 事件机制

jQuery 有效地简化了 JavaScript 编程。jQuery 的事件机制中，事件方法会触发匹配元素的事件。

11.1.1 什么是 jQuery 事件机制

jQuery 事件处理机制在 jQuery 框架中起着重要的作用，jQuery 事件处理方法是 jQuery 的核心函数。通过 jQuery 事件处理机制，可以创造自定义的行为，比如改变样式、效果显示、提交等，使网页效果更加丰富。

使用 jQuery 事件处理机制比直接使用 JavaScript 内置的一些事件响应方法更加灵活，而且不容易暴露在外，使用更加简洁的语法，大大减少了编写代码的工作量。

jQuery 事件处理机制包括页面加载、事件绑定、事件委派、事件切换四种机制。

11.1.2 切换事件

切换事件是指在一个元素上绑定两个以上的事件，并在各个事件之间进行切换动作。例如，当鼠标放在图片上时触发一个事件，当鼠标单击后又触发一个事件，可以用切换事件来实现。

在 jQuery 中，hover()方法用于事件的切换。当需要设置在鼠标悬停和鼠标移出的事件中进行切换时，就可以使用 hover()方法。下面的例子，当鼠标悬停在文字上时，显示一段文字和图片的效果。

实例 1 切换事件(案例文件：ch11\11.1.html)

```
<!DOCTYPE html>
<html>
<head>
    <script type="text/javascript" src="jquery.min.js"></script>
    <script type="text/javascript">
        $(document).ready(function(){
            $(".clsContent").hide();
        });
        $(function(){
            $(".clsTitle").hover(function(){
                    $(".clsContent").show();
                },
                function(){
                    $(".clsContent").hide();
                })
        })
    </script>
</head>
<body>
<div class="clsTitle"><h1>今日秒杀水果</h1></div>
```

```
<div class="clsContent">今日秒杀水果非常新鲜，5 公里内可以免费送货上门！</div>
<div class="clsContent"> <img src="01.jpg" /></div>
</body>
</html>
```

运行程序，结果如图 11-1 所示。将鼠标放在"今日秒杀水果"文字上，最终结果如图 11-2 所示。

图 11-1　初始结果

图 11-2　鼠标悬停的结果

11.1.3　事件冒泡

在一个对象上触发某类事件(比如单击 onclick 事件)，如果定义了此事件的处理程序，那么就会调用处理程序；如果没有定义此事件的处理程序或者事件返回 true，那么这个事件会向该对象的父级对象传播。从里到外，直至它被处理(父级对象的所有同类事件都将被激活)，或者它到达了对象层次的顶层，即 document 对象(有些浏览器是 window 对象)。

实例 2　事件冒泡(案例文件：ch11\11.2.html)

```
<!DOCTYPE html>
<html>
<head>
    <script type="text/javascript" src="jquery.min.js"></script>
    <script type="text/javascript">
        function add(Text){
            var Div = document.getElementById("display");
            Div.innerHTML += Text;          //输出单击顺序
        }
    </script>
</head>
<body onclick="add('第 3 层 body 元素被单击<br />');">
<div onclick="add('第 2 层 div 元素被单击<br />');">
    <p onclick="add('第 1 层 p 元素被单击<br />');">事件冒泡</p>
</div>
<div id="display"></div>
</body>
</html>
```

运行程序，结果如图 11-3 所示。单击"事件冒泡"文字，最终结果如图 11-4 所示。

代码为 p、div、body 都添加了 onclick()函数，当单击 p 的文字时，触发事件，并且顺序是由底层依次向上触发。

图 11-3 初始结果

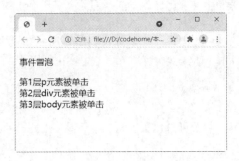

图 11-4 单击"事件冒泡"文字后

11.2 页面加载事件

jQuery 的$(document).ready()事件是页面加载事件，ready()是 jQuery 事件模块中最重要的一个函数。这个方法可以看作是 window.onload 注册事件的替代方法，使用这个方法可以在 DOM 载入就绪时立刻调用所绑定的函数，而几乎所有的 JavaScript 函数都需要在那一刻执行。ready()函数仅用于当前文档，因此无需选择器。

ready()函数的语法格式有如下三种。
- 语法 1：$(document).ready(function)。
- 语法 2：$().ready(function)。
- 语法 3：$(function)。

其中，参数 function 是必选项，规定当文档加载后要运行的函数。

实例 3 使用 ready()函数(案例文件：ch11\11.3.html)

```
<!DOCTYPE html>
<html>
<head>
    <script language="javascript" src="jquery.min.js"></script>
    <script language="javascript">
        $(document).ready(function(){
            $(".btn1").click(function(){
                $("p").slideToggle();
            });
        });
    </script>
</head>
<body>
<h3>老马</h3>
<p>卧来扶不起，唯向主人嘶。</p>
<p>惆怅东郊道，秋来雨作泥。</p>
<button class="btn1">隐藏文字</button>
</body>
</html>
```

第 11 章 jQuery 事件处理

运行程序，结果如图 11-5 所示。单击"隐藏文字"按钮，最终结果如图 11-6 所示。可见在文档加载后激活了函数。

图 11-5 初始结果

图 11-6 隐藏文字

11.3 jQuery 事件函数

在网站开发过程中，经常使用的事件函数包括键盘操作、鼠标操作、表单提交、焦点触发等事件。

11.3.1 键盘操作事件

日常开发中常见的键盘操作包括 keydown()、keypress()和 keyup()，如表 11-1 所示。

表 11-1 键盘操作事件

方　　法	含　　义
keydown()	触发或将函数绑定到指定元素的 keydown 事件(按下某个按键时触发)
keypress()	触发或将函数绑定到指定元素的 keypress 事件(按下某个按键并产生字符时触发)
keyup()	触发或将函数绑定到指定元素的 keyup 事件(释放某个按键时触发)

完整的按键过程应该分为两步：按键被按下，然后按键被松开复位。这就触发了 keydown()和 keyup()事件函数。

下面通过例子来讲解 keydown()和 keyup()事件函数的使用方法。

实例 4 使用 keydown()和 keyup()事件函数(案例文件：ch11\11.4.html)

```
<!DOCTYPE html>
<html>
<head>
    <script language="javascript" src="jquery.min.js"></script>
    <script language="javascript">
        $(document).ready(function(){
            $("input").keydown(function(){
                $("input").css("background-color","#DFFFDF");
            });
            $("input").keyup(function(){
```

```
                $("input").css("background-color","red");
            });
        });
    </script>
</head>
<body>
请输入需要采购的水果名称：<input type="text" />
</body>
</html>
```

运行程序，当按下键盘键时，输入域的背景色为浅绿色，结果如图 11-7 所示。当松开键盘键时，输入域的背景色为红色，结果如图 11-8 所示。

图 11-7 按下键盘键时输入域的背景色

图 11-8 松开键盘键时输入域的背景色

11.3.2 鼠标操作事件

与键盘操作事件相比，鼠标操作事件比较多，常见的鼠标操作事件的含义如表 11-2 所示。

表 11-2 鼠标操作事件

方法	含义
mousedown()	触发或将函数绑定到指定元素的 mousedown 事件(鼠标按键被按下)
mouseenter()	触发或将函数绑定到指定元素的 mouseenter 事件(当鼠标指针进入或穿过目标时)
mouseleave()	触发或将函数绑定到指定元素的 mouseleave 事件(当鼠标指针离开目标时)
mousemove()	触发或将函数绑定到指定元素的 mousemove 事件(鼠标在目标上移动)
mouseout()	触发或将函数绑定到指定元素的 mouseout 事件(鼠标移出目标时)
mouseover()	触发或将函数绑定到指定元素的 mouseover 事件(鼠标移到目标上)
mouseup()	触发或将函数绑定到指定元素的 mouseup 事件(鼠标的按键被释放)
click()	触发或将函数绑定到指定元素的 click 事件(单击鼠标按键)
dblclick()	触发或将函数绑定到指定元素的 doubleclick 事件(双击鼠标按键)

下面通过例子来讲解鼠标 mouseover 和 mouseout 事件函数的使用方法。

实例 5 使用 mouseover 和 mouseout 事件函数(案例文件：ch11\11.5.html)

```
<!DOCTYPE html>
<html>
<head>
```

```
    <script language="javascript" src="jquery.min.js"></script>
    <script language="javascript">
        $(document).ready(function(){
            $("p").mouseover(function(){
                $("p").css("background-color","yellow");
                $("h2").css("background-color","#79FF79");
            });
            $("p").mouseout(function(){
                $("p").css("background-color","#E9E9E4");
                $("h2").css("background-color","#red");
            });
        });
    </script>
</head>
<body>
<h2>天涯</h2>
<p>春日在天涯,天涯日又斜。</p>
<p>莺啼如有泪,为湿最高花。</p>
</body>
</html>
```

运行程序,结果如图 11-9 所示。将鼠标放在段落上的效果如图 11-10 所示。该案例实现了当鼠标从元素上移入或移出时,改变元素的背景色。

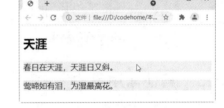

图 11-9 初始结果　　　　　　　　图 11-10 鼠标放在段落上的结果

下面通过例子来讲解鼠标 click 和 dblclick 事件函数的使用方法。

实例6 使用 click 和 dblclick 事件函数(案例文件:ch11\11.6.html)

```
<!DOCTYPE html>
<html>
<head>
    <script language="javascript" src="jquery.min.js"></script>
    <script language="javascript">
        $(document).ready(function(){
            $("#btn1").click(function(){
                $("#id1").slideToggle();
            });
            $("#btn2").dblclick(function(){
                $("#id2").slideToggle();
            });
        });
    </script>
</head>
<body>
<div id="id1">怅卧新春白袷衣,白门寥落意多违。</div>
```

```
<button id="btn1">单击隐藏</button>
<div id="id2">红楼隔雨相望冷,珠箔飘灯独自归。</div>
<button id="btn2">双击隐藏</button>
</body>
</html>
```

运行程序,结果如图 11-11 所示。单击"单击隐藏"按钮,结果如图 11-12 所示。双击"双击隐藏"按钮,结果如图 11-13 所示。

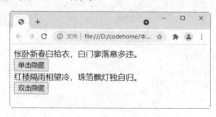

图 11-11　初始结果

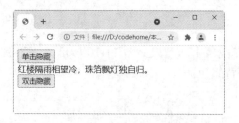

图 11-12　单击鼠标的结果

图 11-13　双击鼠标的结果

11.3.3　其他常用事件

除了上面讲述的常用事件外,还有一些如表单提交、焦点触发等事件,如表 11-3 所示。

表 11-3　其他常用事件

方　法	描　述
blur()	触发或将函数绑定到指定元素的 blur 事件(元素或者窗口失去焦点时触发事件)
change()	触发或将函数绑定到指定元素的 change 事件(文本框内容改变时触发事件)
error()	触发或将函数绑定到指定元素的 error 事件(脚本或者图片加载错误、失败后触发事件)
resize()	触发或将函数绑定到指定元素的 resize 事件
scroll()	触发或将函数绑定到指定元素的 scroll 事件
focus()	触发或将函数绑定到指定元素的 focus 事件(元素或者窗口获取焦点时触发事件)
select()	触发或将函数绑定到指定元素的 select 事件(文本框中的字符被选择之后触发事件)
submit()	触发或将函数绑定到指定元素的 submit 事件(表单"提交"之后触发事件)
load()	触发或将函数绑定到指定元素的 load 事件(页面加载完成后在 window 上触发,图片加载完触发)
unload()	触发或将函数绑定到指定元素的 unload 事件(与 load 相反,即卸载完成后触发)

下面以 change 事件为例进行讲解。当元素的值发生改变时，可以使用 change 事件。该事件仅适用于文本域、textarea 和 select 元素。change()函数触发 change 事件，或规定当发生 change 事件时运行的函数。

实例7 使用 change()方法改变表单元素的背景色(案例文件：ch11\11.7.html)

```html
<!DOCTYPE html>
<html>
<head>
    <script language="javascript" src="jquery.min.js"></script>
    <script language="javascript">
        $(document).ready(function(){
            $(".field").change(function(){
                $(this).css("background-color","#AAAAFF");
            });
        });
    </script>
</head>
<body>
请输入商品名称：<input class="field" type="text" />
<p>选择商品颜色：
    <select class="field" name="cars">
        <option value="volvo">红色</option>
        <option value="saab">蓝色</option>
        <option value="fiat">绿色</option>
        <option value="audi">灰色</option>
    </select></p>
</body>
</html>
```

运行程序，结果如图 11-14 所示。输入商品名称和选择商品颜色后，即可看到文本框的背景颜色发生了变化，结果如图 11-15 所示。

图 11-14 初始结果

图 11-15 修改元素值后的结果

11.4 事件的基本操作

11.4.1 绑定事件

在 jQuery 中，可以用 bind()函数给 DOM 对象绑定一个事件。bind()函数为被选元素添加一个或多个事件处理程序，并规定事件发生时运行的函数。

规定向被选元素添加一个或多个事件处理程序，以及当事件发生时运行的函数时，使用的语法格式如下：

```
$(selector).bind(event,data,function)
```

其中，event 为必需参数，指规定添加到元素的一个或多个事件，由空格分隔多个事件，但必须是有效的事件。data 为可选参数，规定传递到函数的额外数据。function 为必需参数，规定当事件发生时运行的函数。

实例8 用 bind()函数绑定事件(案例文件：ch11\11.8.html)

```
<!DOCTYPE html>
<html>
<head>
    <script language="javascript" src="jquery.min.js"></script>
    <script language="javascript">
        $(document).ready(function(){
            $("button").bind("click",function(){
                $("div").slideToggle();
            });
        });
    </script>
</head>
<body>
<h2>梅花落</h2>
<div>
<p>梅岭花初发，天山雪未开。</p>
<p>雪处疑花满，花边似雪回。</p>
<img src="02.jpg" />
</div>
<button>隐藏文字和图片</button>
</body>
</html>
```

运行程序，初始结果如图 11-16 所示。单击"隐藏文字和图片"按钮，结果如图 11-17 所示。

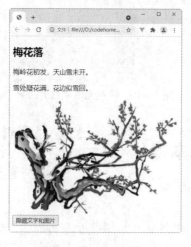

图 11-16 初始结果

图 11-17 隐藏文字和图片后的结果

11.4.2 触发事件

事件绑定后，可用 trigger 方法进行触发操作。trigger 方法规定被选元素要触发的事件。trigger()函数的语法如下：

```
$(selector).trigger(event,[param1,param2,...])
```

其中，event 为触发事件的动作，例如 click、dblclick。

实例9 使用 trigger()函数来触发事件(案例文件：ch11\11.9.html)

```html
<!DOCTYPE html>
<html>
<head>
    <script language="javascript" src="jquery.min.js"></script>
    <script language="javascript">
        $(document).ready(function(){
            $("input").select(function(){
                $("input").css("background-color","#AAAAFF");
            });
            $("button").click(function(){
                $("input").trigger("select");
            });
        });
    </script>
</head>
<body>
<input type="text" name="FirstName" size="35" value="柳丝榆荚自芳菲" />
<br />
<button>激活事件</button>
</body>
</html>
```

运行程序，结果如图 11-18 所示。选择文本框中的文字或者单击"激活事件"按钮，结果如图 11-19 所示。

图 11-18　初始结果

图 11-19　激活事件后的结果

11.4.3 移除事件

unbind()方法可用来移除被选元素的事件处理程序。该方法能够移除所有或被选的事件处理程序，或者当事件发生时终止指定函数的运行。unbind()适用于任何通过 jQuery 附加的事件处理程序。

unbind()方法的语法格式如下：

```
$(selector).unbind(event,function)
```

其中，event 是可选参数，规定删除元素的一个或多个事件，由空格分隔多个事件值。function 是可选参数，规定从元素的指定事件取消绑定的函数名。如果没规定参数，unbind()方法会删除指定元素的所有事件处理程序。

实例 10 使用 unbind()方法移除事件(案例文件：ch11\11.10.html)

```html
<!DOCTYPE html>
<html>
<head>
    <script language="javascript" src="jquery.min.js"></script>
    <script language="javascript">
        $(document).ready(function(){
            $("p").click(function(){
                $(this).slideToggle();
            });
            $("button").click(function(){
                $("p").unbind();
            });
        });
    </script>
</head>
<body>
<p>梅岭花初发，天山雪未开。</p>
<p>雪处疑花满，花边似雪回。</p>
<p>因风入舞袖，杂粉向妆台。</p>
<p>匈奴几万里，春至不知来。</p>
<button>删除事件处理器</button>
</body>
</html>
```

运行程序，结果如图 11-20 所示。单击任意段落即可让其消失，如图 11-21 所示。单击"删除事件处理器"按钮后，再次单击任意段落，则不会出现消失的效果。可见此时已经移除了事件。

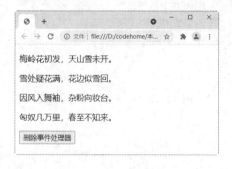

图 11-20 初始结果

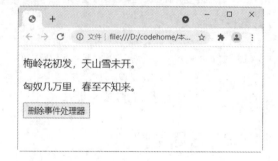

图 11-21 激活事件后的结果

11.5 就业面试问题解答

面试问题 1：keypress 事件和 keydown 事件有什么区别吗？

keypress 事件与 keydown 事件类似。当按键被按下时，会发生该事件，它发生在当前获得焦点的元素上。不过，与 keydown 事件不同，每插入一个字符，就会发生 keypress 事件。keypress()方法触发 keypress 事件，或规定当发生 keypress 事件时运行的函数。

面试问题 2：如何阻止事件冒泡？

jQuery 中，冒泡事件就是单击子节点，会向上触发父节点、祖先节点的单击事件。例如，一个 div 元素中包含另外一个 div 元素，如果这两个 div 上都添加了事件，如果单击里面的 div 元素，也会触发外面 div 元素的事件。如何才能只触发里面 div 的事件呢？这时候就需要阻止冒泡。在触发的事件函数中加入 stopPropagation()方法，代码如下：

```
event.stopPropagation();     //阻止事件冒泡
```

11.6 上机练练手

上机练习 1：设计淡入淡出的下拉菜单

本案例要求设计一个淡入淡出的下拉菜单，程序运行结果如图 11-22 所示。单击"商品分类"，即可弹出淡入淡出的下拉菜单，如图 11-23 所示。

图 11-22 初始结果

图 11-23 淡入淡出的下拉菜单

上机练习 2：设计一个鼠标移入切换图片的效果

根据 jQuery 鼠标操作事件，本案例要求设计一个鼠标移入切换图片的效果。程序运行结果如图 11-24 所示。将鼠标放置在不同的水果名称上面，将切换到对应的图片。例如，这里将鼠标放置在"香蕉"上，结果如图 11-25 所示。

图 11-24　初始结果　　　　　　图 11-25　鼠标移入切换图片的结果

第12章

设计网页动画特效

　　jQuery 能在页面上实现绚丽的动画效果。jQuery 为页面动态效果提供了一些有限的支持，如动态显示和隐藏页面的元素、淡入淡出动画效果、滑动动画效果等。本章就来介绍如何使用 jQuery 制作网页动画特效。

12.1 jQuery 基本动画效果

显示与隐藏是 jQuery 实现的基本动画效果。jQuery 提供了两种显示与隐藏元素的方法：一种是显示和隐藏网页元素，一种是切换显示与隐藏元素。

12.1.1 隐藏元素

在 jQuery 中，使用 hide()方法来隐藏匹配元素。hide()方法相当于将元素的 CSS 样式属性 display 的值设置为 none。

1. 简单隐藏

在使用 hide()方法隐藏匹配元素的过程中，当 hide()方法不带任何参数时，就能实现元素的简单隐藏，其语法格式如下：

```
hide()
```

例如，要想隐藏页面中的 p 元素，可以使用如下 jQuery 代码：

```
$("p").hide()
```

实例 1 设计简单隐藏特效(案例文件：ch12\12.1.html)

```html
<!DOCTYPE html>
<html>
<head>
    <script type="text/javascript" src="jquery.min.js"></script>
    <script type="text/javascript">
        $(document).ready(function(){
            $("p").click(function(){
                $(this).hide();
            });
        });
    </script>
</head>
<body>
<h1>宿桐庐江寄广陵旧游</h1>
<p>山暝听猿愁，沧江急夜流。</p>
<p>风鸣两岸叶，月照一孤舟。</p>
<p>建德非吾土，维扬忆旧游。</p>
<p>还将两行泪，遥寄海西头。</p>
</body>
</html>
```

运行结果如图 12-1 所示，单击页面中的某个文本段，该文本段就会隐藏，如图 12-2 所示。这就实现了元素的简单隐藏效果。

第 12 章 设计网页动画特效

图 12-1 默认状态

图 12-2 网页元素的简单隐藏

2. 设置隐藏参数

带有参数的 hide()隐藏方法，可以实现不同方式的隐藏效果，具体语法格式如下：

```
$(selector).hide(speed,callback);
```

参数含义说明如下。

- speed：可选的参数，规定隐藏的速度，可以取 slow、fast 或毫秒等参数。
- callback：可选的参数，规定隐藏完成后所执行的函数名称。

实例 2 设置网页元素的隐藏参数(案例文件：ch12\12.2.html)

```
<!DOCTYPE html>
<html>
<head>
    <script type="text/javascript" src="jquery.min.js"></script>
    <script type="text/javascript">
        $(document).ready(function(){
           $(".ex .hide").click(function(){
              $(this).parents(".ex").hide("slow");
           });
        });
    </script>
    <style type="text/css">
        div .ex
        {
            background-color: #e5eecc;
            padding: 7px;
            border: solid 1px #c3c3c3;
        }
    </style>
</head>
<body>
<h3>浪花</h3>
<div class="ex">
    <button class="hide" type="button">隐藏</button>
    <p>一江秋水浸寒空，渔笛无端弄晚风。<br />
       万里波心谁折得？夕阳影里碎残红。</p>
</div>
```

```
<h3>引水行</h3>
<div class="ex">
    <button class="hide" type="button">隐藏</button>
    <p>一条寒玉走秋泉,引出深萝洞口烟。<br />
        十里暗流声不断,行人头上过潺湲。</p>
</div>
</body>
</html>
```

运行结果如图 12-3 所示,单击页面中的"隐藏"按钮,即可将下方的语句慢慢地隐藏起来,结果如图 12-4 所示。

图 12-3 默认状态

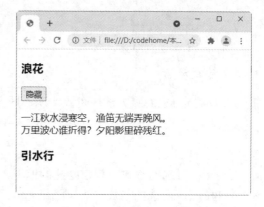

图 12-4 设置网页元素的隐藏参数

12.1.2 显示元素

使用 show()方法可以显示匹配的网页元素。show()方法有两种语法格式:一种是不带参数的形式,一种是带有参数的形式。

1. 不带参数的格式

不带参数的格式用以实现不带任何效果的显示匹配元素,其语法格式如下:

```
show()
```

例如,要想显示页面中的所有文本元素,可以使用如下 jQuery 代码:

```
$("p").show()
```

2. 带有参数的格式

带有参数的格式用来实现以动画方式显示网页中的元素,并在显示完成后可选择地触发一个回调函数,其语法格式如下:

```
$(selector).show(speed,callback);
```

参数含义说明如下。
- speed:可选的参数,规定显示的速度,可以取 slow、fast 或毫秒等参数。
- callback:可选的参数,规定显示完成后所执行的函数名称。

例如，要想在 300 毫秒内显示网页中的 p 元素，可以使用如下 jQuery 代码：

```
$("p").show(300);
```

实例3 显示或隐藏网页中的元素 (案例文件：ch12\12.3.html)

```
<!DOCTYPE html>
<html>
<head>
    <script type="text/javascript" src="jquery.min.js"></script>
    <script type="text/javascript">
        $(document).ready(function(){
            $("#hide").click(function(){
                $("p").hide(9000);
            });
            $("#show").click(function(){
                $("p").show(9000);
            });
        });
    </script>
</head>
<body>
<p id="p1">下马饮君酒，问君何所之？</p>
<p id="p2">君言不得意，归卧南山陲。</p>
<p id="p3">但去莫复问，白云无尽时。</p>
<button id="hide" type="button">隐藏</button>
<button id="show" type="button">显示</button>
</body>
</html>
```

运行结果如图 12-5 所示，单击页面中的"隐藏"按钮，就会将网页中的文字在 9000 毫秒内慢慢隐藏，结果如图 12-6 所示。单击"显示"按钮，又可以将隐藏的文字在 9000 毫秒内慢慢地显示出来。

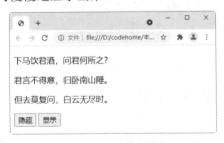

图 12-5 显示网页中的元素　　图 12-6 在 9000 毫秒内隐藏网页中的元素

12.1.3 状态切换

使用 toggle()方法可以切换元素的可见(显示与隐藏)状态。简单地说，就是当元素为显示状态时，使用 toggle()方法可以将其隐藏；反之，可以将其显示出来。

toggle()方法的语法格式如下：

```
$(selector).toggle(speed,callback);
```

参数含义说明如下。
- speed：可选的参数，规定隐藏/显示的速度，可以取 slow、fast 或毫秒等参数。
- callback：可选的参数，toggle()方法完成后所执行的函数名称。

实例 4　切换网页中的元素(案例文件：ch12\12.4.html)

```html
<!DOCTYPE html>
<html>
<head>
    <script type="text/javascript" src="jquery.min.js"></script>
    <script type="text/javascript">
        $(document).ready(function(){
            $("button").click(function(){
                $("p").toggle();
            });
        });
    </script>
</head>
<body>
<h2>山中</h2>
<p>荆溪白石出，天寒红叶稀。</p>
<p>山路元无雨，空翠湿人衣。</p>
<button type="button">切换</button>
</body>
</html>
```

程序运行结果如图 12-7 所示，单击页面中的"切换"按钮，可以实现网页文字段落显示与隐藏的切换效果。

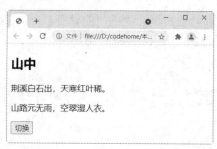

图 12-7　切换(隐藏/显示)网页中的元素

12.2　淡入淡出动画效果

通过 jQuery 可以实现元素的淡入淡出动画效果，主要方法有 fadeIn()、fadeOut()、fadeToggle()、fadeTo()。

12.2.1　淡入隐藏元素

fadeIn()方法通过增大不透明度来实现匹配元素的淡入效果，该方法的语法格式如下：

```
$(selector).fadeIn(speed,callback);
```

第 12 章　设计网页动画特效

参数说明如下。
- speed：可选的参数，规定淡入效果的时长，可以取 slow、fast 或毫秒等参数。
- callback：可选的参数，fadeIn()方法完成后所执行的函数名称。

实例 5　以不同效果淡入网页中的矩形(案例文件：ch12\12.5.html)

```html
<!DOCTYPE html>
<html>
<head>
    <script type="text/javascript" src="jquery.min.js"></script>
    <script type="text/javascript">
        $(document).ready(function(){
            $("button").click(function(){
                $("#div1").fadeIn();
                $("#div2").fadeIn("slow");
                $("#div3").fadeIn(3000);
            });
        });
    </script>
</head>
<body>
<button>矩形以不同的方式淡入</button><br><br>
<div id="div1"
    style="width:160px;height:80px;display:none;background-color:red;">
</div><br>
<div id="div2"
    style="width:160px;height:80px;display:none;background-color:green;">
</div><br>
<div id="div3"
    style="width:160px;height:80px;display:none;background-color:blue;">
</div>
</body>
</html>
```

程序运行结果如图 12-8 所示，单击页面中的按钮，网页中的矩形会以不同的方式淡入显示，结果如图 12-9 所示。

图 12-8　默认状态

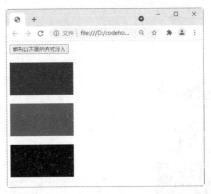

图 12-9　以不同效果淡入网页中的矩形

12.2.2 淡出可见元素

fadeOut()方法通过减小不透明度来实现匹配元素的淡出效果，fadeOut()方法的语法格式如下：

```
$(selector).fadeOut(speed,callback);
```

参数说明如下。
- speed：可选的参数，规定淡出效果的时长，可以取 slow、fast 或毫秒等参数。
- callback：可选的参数，fadeOut()方法完成后所执行的函数名称。

实例6 以不同效果淡出网页中的矩形(案例文件：ch12\12.6.html)

```
<!DOCTYPE html>
<html>
<head>
   <script type="text/javascript" src="jquery.min.js"></script>
   <script type="text/javascript">
      $(document).ready(function(){
         $("button").click(function(){
            $("#div1").fadeOut();
            $("#div2").fadeOut("slow");
            $("#div3").fadeOut(6000);
         });
      });
   </script>
</head>
<body>
<div id="div1" style="width:160px;height:80px;background-color:red;"></div>
<br>
<div id="div2" style="width:160px;height:80px;background-color:green;">
</div><br>
<div id="div3" style="width:160px;height:80px;background-color:blue;"></div><br />
<button>矩形以不同的方式淡出</button>
</body>
</html>
```

运行结果如图 12-10 所示，单击页面中的按钮，网页中的矩形就会以不同的方式淡出，结果如图 12-11 所示。

图 12-10　默认状态　　　　　图 12-11　以不同效果淡出网页中的矩形

12.2.3 切换淡入淡出元素

fadeToggle()方法可以在 fadeIn()与 fadeOut()方法之间进行切换。也就是说，如果元素已淡出，则 fadeToggle()会向元素添加淡入效果；如果元素已淡入，则 fadeToggle()会向元素添加淡出效果。

fadeToggle()方法的语法格式如下

```
$(selector).fadeToggle(speed,callback);
```

参数说明如下。
- speed：可选的参数，规定淡入淡出效果的时长，可以取 slow、fast 或毫秒等参数。
- callback：可选的参数，fadeToggle()方法完成后所执行的函数名称。

实例 7 实现网页元素的淡入淡出效果(案例文件：ch12\12.7.html)

```html
<!DOCTYPE html>
<html>
<head>
    <script type="text/javascript" src="jquery.min.js"></script>
    <script type="text/javascript">
        $(document).ready(function(){
            $("button").click(function(){
                $("#div1").fadeToggle();
                $("#div2").fadeToggle("slow");
                $("#div3").fadeToggle(6000);
            });
        });
    </script>
</head>
<body>
<div id="div1" style="width:80px;height:80px;background-color:red;">
</div><br />
<div id="div2" style="width:80px;height:80px;background-color:green;">
</div><br />
<div id="div3" style="width:80px;height:80px;background-color:blue;">
</div>
<button>淡入淡出矩形</button><br /><br />
</body>
</body>
</html>
```

运行结果如图 12-12 所示，单击"淡入淡出矩形"按钮，网页中的矩形就会以不同的方式淡入淡出。

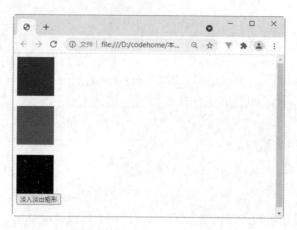

图 12-12 切换淡入淡出效果

12.2.4 淡入淡出元素至指定数值

使用 fadeTo()方法可以将网页元素淡入/淡出至指定的不透明度,不透明度的值为 0~1。fadeTo()方法的语法格式如下:

```
$(selector).fadeTo(speed,opacity,callback);
```

参数说明如下。
- speed:可选的参数,规定淡入淡出效果的时长,可以取 slow、fast 或毫秒等参数。
- opacity:必需的参数,将淡入淡出效果设置为给定的不透明度。
- callback:可选的参数,该函数完成后所执行的函数名称。

实例 8 实现网页元素淡出至指定数值(案例文件:ch12\12.8.html)

```
<!DOCTYPE html>
<html>
<head>
    <script type="text/javascript" src="jquery.min.js"></script>
    <script type="text/javascript">
        $(document).ready(function(){
            $("button").click(function(){
                $("#div1").fadeTo("slow",0.7);
                $("#div2").fadeTo("slow",0.4);
                $("#div3").fadeTo("slow",0.3);
            });
        });
    </script>
</head>
<body>
<button>使矩形以不同的方式淡出至指定参数</button>
<br ><br />
<div id="div1" style="width:160px;height:80px;background-color:red;"></div>
<br>
<div id="div2" style="width:160px;height:80px;background-color:green;"></div>
```

```
<br>
<div id="div3" style="width:160px;height:80px;background-
color:blue;"></div>
</body>
</html>
```

运行结果如图 12-13 所示,单击页面中的按钮,网页中的矩形就会以不同的方式淡出至指定参数值。

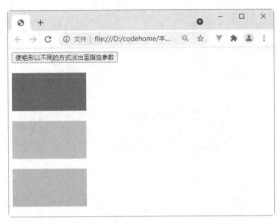

图 12-13 淡出至指定数值

12.3 滑动动画效果

通过 jQuery,可以在元素上创建滑动效果。jQuery 中用于创建滑动效果的方法有 slideDown()、slideUp()和 slideToggle()。

12.3.1 滑动显示匹配的元素

使用 slideDown()方法可以向下增加元素高度,动态显示匹配的元素。slideDown()方法会逐渐向下增加匹配的隐藏元素的高度,直到元素完全显示为止。

slideDown()方法的语法格式如下:

```
$(selector).slideDown(speed,callback);
```

参数说明如下。
- speed:可选的参数,规定效果的时长,可以取 slow、fast 或毫秒等参数。
- callback:可选的参数,滑动完成后所执行的函数名称。

实例 9 滑动显示网页元素(案例文件:ch12\12.9.html)

```
<!DOCTYPE html>
<html>
<head>
    <script type="text/javascript" src="jquery.min.js"></script>
    <script type="text/javascript">
```

```
        $(document).ready(function(){
            $(".flip").click(function(){
                $(".panel").slideDown("slow");
            });
        });
    </script>
    <style type="text/css">
        div.panel,p.flip
        {
            margin: 0px;
            padding: 5px;
            text-align: center;
            background: #dcb5ff;
            border: solid 1px #c3c3c3;
        }
        div.panel
        {
            height: 150px;
            display: none;
        }
    </style>
</head>
<body>
<div class="panel">
    <h3>闻雁</h3>
    <p>故园渺何处，归思方悠哉。</p>
    <p> 淮南秋雨夜，高斋闻雁来。</p>
</div>
<p class="flip">滑动显示</p>
</body>
</html>
```

运行结果如图 12-14 所示，单击页面中的"滑动显示"文字，网页中隐藏的元素就会以滑动的方式显示出来，结果如图 12-15 所示。

图 12-14　默认状态

图 12-15　滑动显示网页元素

12.3.2　滑动隐藏匹配的元素

使用 slideUp()方法可以向上减少元素高度，动态隐藏匹配的元素。slideUp()方法会逐渐向上减少匹配元素的高度，直到元素完全隐藏为止。slideUp()方法的语法格式如下：

```
$(selector).slideUp(speed,callback);
```

参数说明如下。
- speed：可选的参数，规定效果的时长，可以取 slow、fast 或毫秒等参数。
- callback：可选的参数，滑动完成后所执行的函数名称。

实例 10 滑动隐藏网页元素(案例文件：ch12\12.10.html)

```
<!DOCTYPE html>
<html>
<head>
    <script src="jquery.min.js"></script>
    <script type="text/javascript">
        $(document).ready(function(){
            $(".flip").click(function(){
                $(".panel").slideUp("slow");
            });
        });
    </script>
    <style type="text/css">
        div.panel,p.flip
        {
            margin: 0px;
            padding: 5px;
            text-align: center;
            background: #dcb5ff;
            border: solid 1px #c3c3c3;
        }
        div.panel
        {
            height: 150px;
        }
    </style>
</head>
<body>
<div class="panel">
    <h3>春日</h3>
    <p>胜日寻芳泗水滨，无边光景一时新。</p>
    <p>等闲识得东风面，万紫千红总是春。</p>
</div>
<p class="flip">滑动隐藏</p>
</body>
</html>
```

运行结果如图 12-16 所示，单击页面中的"滑动隐藏"文字，网页中显示的元素就会以滑动的方式隐藏起来，结果如图 12-17 所示。

图 12-16 默认状态

图 12-17 滑动隐藏网页元素

219

12.3.3 动态切换元素的可见性

通过 slideToggle()方法可以实现通过高度的变化动态切换元素的可见性。也就是说，如果元素是可见的，就通过减少高度使元素全部隐藏；如果元素是隐藏的，可以通过增加高度使元素最终全部可见。

slideToggle()方法的语法格式如下：

```
$(selector).slideToggle(speed,callback);
```

参数说明如下。
- speed：可选的参数，规定效果的时长，可以取 slow、fast 或毫秒等参数。
- callback：可选的参数，切换完成后所执行的函数名称。

实例 11 动态切换网页元素的可见性(案例文件：ch12\12.11.html)

```
<!DOCTYPE html>
<html>
<head>
    <script type="text/javascript" src="jquery.min.js"></script>
    <script type="text/javascript">
        $(document).ready(function(){
            $(".flip").click(function(){
                $(".panel"). slideToggle("slow");
            });
        });
    </script>
    <style type="text/css">
        div.panel,p.flip
        {
            margin: 0px;
            padding: 5px;
            text-align: center;
            background: #dcb5ff;
            border: solid 1px #c3c3c3;
        }
        div.panel
        {
            height: 150px;
            display: none;
        }
    </style>
</head>
<body>
<div class="panel">
    <h3>夜月</h3>
    <p>更深月色半人家，北斗阑干南斗斜。</p>
    <p>今夜偏知春气暖，虫声新透绿窗纱。</p>
</div>
<p class="flip">显示与隐藏的切换</p>
</body>
</html>
```

运行结果如图 12-18 所示，单击页面中的"显示与隐藏的切换"文字，网页中显示的元素就可以在显示与隐藏之间进行切换，结果如图 12-19 所示。

图 12-18　默认状态

图 12-19　通过高度的变化动态切换网页元素的可见性

12.4　自定义动画效果

有时程序预设的动画效果并不能满足用户的需求，这时就需要采取高级的自定义动画来解决问题。在 jQuery 中，要实现自定义动画效果，主要使用 animate()方法创建自定义动画，使用 stop()方法停止动画。

12.4.1　创建自定义动画

使用 animate()方法创建自定义动画的方法更加自由，可以随意控制元素的属性，实现更为绚丽的动画效果。animate()方法的基本语法格式如下：

```
$(selector).animate({params},speed,callback);
```

参数说明如下。
- params：必需的参数，定义形成动画的 CSS 属性。
- speed：可选的参数，规定效果的时长，可以取 slow、fast 或毫秒等参数。
- callback：可选的参数，动画完成后所执行的函数名称。

默认情况下，所有 HTML 元素都有一个静态位置，且无法移动。如需对位置进行操作，要记得首先把元素的 CSS position 属性设置为 relative、fixed 或 absolute。

实例 12　创建自定义动画效果(案例文件：ch12\12.12.html)

```
<!DOCTYPE html>
<html>
<head>
    <script type="text/javascript" src="jquery.min.js"></script>
    <script type="text/javascript">
        $(document).ready(function(){
            $("button").click(function(){
                var div = $("div");
                div.animate({left:'100px'},"slow");
```

```
                div.animate({fontSize:'4em'},"slow");
            });
        });
    </script>
</head>
<body>
<button>开始动画</button>
<div style="background:#F2861D;height:80px;width:300px;position:absolute;">夜静春山空</div>
</body>
</html>
```

运行结果如图 12-20 所示，单击页面中的"开始动画"按钮，网页中显示的元素就会以设定的动画效果运行，结果如图 12-21 所示。

图 12-20　默认状态　　　　　　　　　图 12-21　创建自定义动画效果

12.4.2　停止动画

stop()方法用于停止动画或效果。stop()方法适用于所有 jQuery 效果函数，包括滑动、淡入淡出和自定义动画。默认情况下，stop()会清除在被选元素上指定的当前动画。

stop()方法的语法格式如下：

```
$(selector).stop(stopAll,goToEnd);
```

- stopAll：可选的参数，规定是否清除动画队列。默认是 false，即仅停止活动的动画，允许任何排入队列的动画向后执行。
- goToEnd：可选的参数，规定是否立即完成当前动画，默认是 false。

实例 13　停止动画效果(案例文件：ch12\12.13.html)

```
<!DOCTYPE html>
<html>
<head>
    <script type="text/javascript" src="jquery.min.js"></script>
    <script type="text/javascript">
        $(document).ready(function(){
            $("#flip").click(function(){
                $("#panel").slideDown(9000);
            });
            $("#stop").click(function(){
                $("#panel").stop();
            });
```

```
        });
    </script>
    <style type="text/css">
        #panel,#flip
        {
            padding: 5px;
            text-align: center;
            background-color: #dcb5ff;
            border: solid 1px #c3c3c3;
        }
        #panel
        {
            padding: 50px;
            display: none;
        }
    </style>
</head>
<body>
<button id="stop">停止滑动</button>
<div id="flip">长安晚秋</div>
<div id="panel">
    <p>夜暗归云绕柁牙,江涵星影鹭眠沙。</p>
    <p>行人怅望苏台柳,曾与吴王扫落花。</p>
    <p>夜暗归云绕柁牙,江涵星影鹭眠沙。</p>
    <p>行人怅望苏台柳,曾与吴王扫落花。</p>
</div>
</body>
</html>
```

运行程序,单击页面中的"长安晚秋",下面的网页元素开始慢慢滑动以显示隐藏的元素。在滑动的过程中,如果想要停止滑动,可以单击"停止滑动"按钮,从而停止滑动,结果如图 12-22 所示。

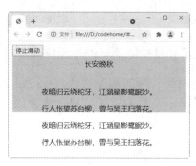

图 12-22 停止动画效果

12.5 就业面试问题解答

面试问题 1:淡入淡出的工作原理是什么?

让元素在页面上不可见,常用的办法就是设置样式的 display:none。除此之外,使用一些类似的办法也可以达到这个目的。设置元素透明度为 0,可以让元素不可见。透明度的参数为 0～1，通过改变这个值可以让元素有一定的透明度。本章讲述的淡入淡出动画方法 fadeIn()和 fadeOut()正是这样的原理。

面试问题 2：通过 CSS 如何实现隐藏元素效果？

hide()方法是隐藏元素的最简单方法。如果没有参数，匹配的元素将被立即隐藏，没有动画，相当于调用.css('display', 'none')。其中，display 属性值保存在 jQuery 的数据缓存中，所以 display 方便以后恢复到初始值。如果一个元素的 display 属性值为 inline，那么隐藏再显示时，这个元素将再次显示 inline。

12.6 上机练练手

上机练习 1：设计图片逐渐变大的动画特效

当鼠标放置在图片上时，图片逐渐变大，即图片的 width 和 height 值逐渐变大，但是其 left 值与 top 值没有改变。程序运行结果如图 12-23 所示。将鼠标放在图片上，效果如图 12-24 所示。

图 12-23　初始效果

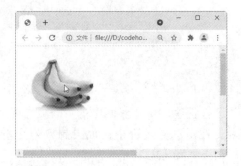
图 12-24　图片逐渐变大的动画特效

上机练习 2：设计滑动显示商品详细信息的动画特效

本案例要求设计滑动显示商品详情的动画特效，程序运行结果如图 12-25 所示。将鼠标放在商品图片上，即可滑动显示商品的详细信息，效果如图 12-26 所示。

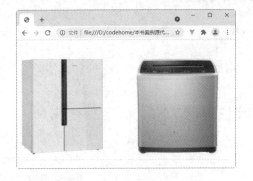
图 12-25　初始效果

图 12-26　滑动显示商品的详细信息

第 13 章

jQuery 功能函数

　　jQuery 提供了很多功能函数，熟练使用这些功能函数，不仅能够帮助开发人员提高项目开发效率，而且还会让代码非常简洁。本章重点学习功能函数的概念，常用功能函数的使用方法。

13.1 功能函数概述

所谓功能函数，就是 jQuery 将一些常用的函数进行封装，当用户需要使用时，不用再去定义函数，而是直接调用即可。这样做不仅方便了开发者使用，而且大大提高了开发者的效率。

例如，开发人员经常需要对数组和对象进行操作，jQuery 就提供了对元素进行遍历、筛选和合并等操作的函数。

实例 1 对数组进行合并操作(案例文件：ch13\13.1.html)

```html
<!DOCTYPE html>
<html>
<head>
    <script type="text/javascript" src="jquery.min.js"></script>
    <script type="text/javascript">
        $(function(){
            var first = ['洗衣机','电视机','空调'];
            var second = ['冰箱','电脑','电风扇'];
            $("p:eq(0)").text("数组1: " + first.join());
            $("p:eq(1)").text("数组2: " + second.join());
            $("p:eq(2)").text("合并数组: "
                + ($.merge($.merge([],first), second)).join());
        });
    </script>
</head>
<body>
<p></p><p></p><p></p>
</body>
<html>
```

运行程序，结果如图 13-1 所示。

图 13-1 对数组进行合并操作

13.2 常用的功能函数

了解功能函数的概念后，下面讲述 jQuery 常用功能函数的使用方法。

13.2.1 操作数组和对象

上一节讲述了数组的合并操作方法。对数组和对象的操作，主要包括元素的遍历、筛选和合并等。

1. 遍历数组和对象

jQuery 提供的 each()方法用于为每个匹配元素规定运行的函数。可以使用 each()方法来遍历数组和对象，语法格式如下：

```
$.each(object,fn);
```

其中，object 是需要遍历的对象，fn 是一个函数，这个函数是所遍历对象需要执行的，它可以接受两个参数：一个是数组对象的属性或者元素的序号，另一个是属性或者元素的值。需要注意的是，jQuery 还提供了$.each()，可以获取一些不熟悉对象的属性值。例如，不清楚一个对象包含什么属性，就可以使用$.each()进行遍历。

实例 2 使用 each()方法遍历数组(案例文件：ch13\13.2.html)

```
<!DOCTYPE html>
<html>
<head>
    <script type="text/javascript" src="jquery.min.js"></script>
    <script type="text/javascript">
        $(document).ready(function(){
            $("button").click(function(){
                $("li").each(function(){
                    alert($(this).text())
                });
            });
        });
    </script>
</head>
<body>
<button>按顺序输出古诗的内容</button>
<ul>
    <li>皓魄当空宝镜升，云间仙籁寂无声。</li>
    <li>平分秋色一轮满，长伴云衢千里明。</li>
</ul>
</body>
</html>
```

运行程序，单击"按顺序输出古诗的内容"按钮，弹出每个列表中的值，依次单击"确定"按钮，即可显示每个列表项的值，结果如图 13-2 所示。

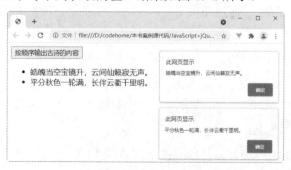

图 13-2 显示每个列表项的值

227

2. 筛选数组元素

jQuery 提供的 grep()方法用于数组元素过滤筛选。使用的语法格式如下:

```
grep(array,fn,invert)
```

其中，array 指待过滤数组；fn 是过滤函数，对于数组中的对象，如果返回值是 true，就保留，返回值是 false 就去除；invert 是可选项，当设置为 true 时 fn 函数取反，即满足条件的将被剔除。

实例 3 使用 grep()方法筛选数组中大于 5 的数(案例文件：ch13\13.3.html)

```
<!DOCTYPE html>
<html>
<head>
    <script type="text/javascript" src="jquery.min.js"></script>
    <script type="text/javascript">
        var Array = [1,2,3,4,5,6,7,8,9,10];
        var Result = $.grep(Array,function(value){
            return (value> 5);
        });
        document.write("原数组: " + Array.join() + "<br />");
        document.write("过滤数组中大于 5 的数: " + Result.join());
    </script>
</head>
<body>
</body>
</html>
```

运行程序，结果如图 13-3 所示。

图 13-3　筛选数组中大于 5 的数

3. 筛选并修改对象

jQuery 提供的 map()方法用于把每个元素通过函数传递到当前匹配集合中，生成包含返回值的新的 jQuery 对象。通过使用 map()方法，可以统一转换数组中的每一个元素值。使用的语法格式如下:

```
$.map(array,fn)
```

其中，array 是需要转化的目标数组，fn 显然就是转化函数。这个 fn 的作用就是对数组中的每一项都执行转化函数，它接受两个可选参数：一个是元素的值，另一个是元素的序号。

实例 4 使用 map()方法筛选并修改数组的值(案例文件：ch13\13.4.html)

本案例将使用 map()方法筛选并修改数组的值，如果数组的值小于 100，则将该元素值乘以 2，否则将被删除。

```
<!DOCTYPE html>
<html>
<head>
   <script type="text/javascript" src="jquery.min.js"></script>
   <script type="text/javascript">
      $(function(){
          var arr1 = [8,90,66,55,44,190,105,104,108,88,68];
          arr2 = $.map(arr1,function(n){
                              //原数组中小于100，则将该元素值乘以2，否则删除
            return n < 100 ? n *2 : null;
          });
          $("p:eq(0)").text("原数组值: " + arr1.join());
          $("p:eq(1)").text("筛选并修改数组的值: " + arr2.join());
      });
   </script>
</head>
<body>
<p></p><p></p>
</body>
</html>
```

运行程序，结果如图 13-4 所示。

图 13-4　使用 map()方法

4. 搜索对象

jQuery 提供的$.inArray()函数很好地实现了数组元素的搜索功能。语法格式如下：

`$.inArray(value,array)`

其中，value 是需要查找的对象，而 array 是数组本身。如果找到目标元素，就返回第一个元素所在的位置，否则返回-1。

实例5 使用 inArray()函数搜索数组元素(案例文件：ch13\13.5.html)

```
<!DOCTYPE html>
<html>
<head>
   <script type="text/javascript" src="jquery.min.js"></script>
   <script type="text/javascript">
      $(function(){
          var arr = [10, 99, 88, 66];
          var add1 = $.inArray(10,arr);
          // 数组中有数字10，但是没有字符串"10"
          var add2 = $.inArray("10",arr);
          // 数组中没有100
```

```
            var add3 = $.inArray(100,arr);
            var add4 = $.inArray(88,arr);
            $("p:eq(0)").text("数组: " + arr.join());
            $("p:eq(1)").text("10 的位置: " + add1);
            $("p:eq(2)").text(""10" 的位置: " + add2);
            $("p:eq(3)").text("100 的位置: " + add3);
            $("p:eq(4)").text("88 的位置: " + add4);
        });
    </script>
</head>
<body>
<p></p><p></p><p></p><p></p><p></p>
</body>
</html>
```

运行程序，结果如图 13-5 所示。

图 13-5　使用 inArray()函数搜索数组元素

13.2.2　操作字符串

常用的字符串操作包括去除空格、替换和字符串截取等。

1. 去掉字符串首尾多余空格

使用 trim()方法可以去掉字符串起始和结尾的空格。

实例 6　使用 trim()方法(案例文件：ch13\13.6.html)

```
<!DOCTYPE html>
<html>
<head>
    <script type="text/javascript" src="jquery.min.js"></script>
</head>
<body>
<pre id="original"></pre>
<pre id="trimmed"></pre>
<script>
    var str = "         出时山眼白，高后海心明。        ";
    $("#original").html("原始字符串: /" + str + "/");
    $("#trimmed").html("去掉首尾空格: /" + $.trim(str) + "/");
</script>
</body>
</html>
```

运行程序，结果如图 13-6 所示。

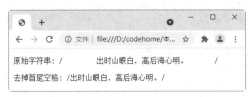

图 13-6　使用 trim()方法

2. 提取子串

使用 substr()方法可在字符串中抽取指定下标的字符串片段。

实例 7　使用 substr()方法(案例文件：ch13\13.7.html)

```
<!DOCTYPE html>
<html>
<head>
   <script type="text/javascript" src="jquery.min.js"></script>
   <script type="text/javascript">
      var str = "万里舒霜合，一条江练横。";
      document.write("原始内容：" + str+"<br />");
      document.write("截取内容：" + str.substr(6,10));
   </script>
</head>
<body>
</body>
</html>
```

运行程序，结果如图 13-7 所示。

图 13-7　使用 substr()方法

3. 替换字符串

使用 replace()方法在字符串中用一些字符替换另一些字符，或替换一个与正则表达式匹配的子串，并返回一个字符串。使用的语法格式如下：

```
replace(m,n):
```

其中，m 是要替换的目标，n 是替换后的新值。

实例 8　使用 replace()方法替换文字(案例文件：ch13\13.8.html)

下面的例子将文字中的"杉"全部替换为"山"。

```
<!DOCTYPE html>
<html>
<head>
```

```
    <script type="text/javascript" src="jquery.min.js"></script>
    <script type="text/javascript">
        var str = "杉花落尽杉长在,杉水空流杉自闲。";
        document.write(str+"<br />");
        document.write(str.replace(/杉/g, "山"));
    </script>
</head>
</html>
```

运行程序,效果如图 13-8 所示。

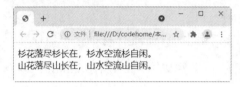

图 13-8 使用 replace()方法

13.2.3 序列化操作

jQuery 提供的 param(object)方法用于将表单元素数组或者对象序列化,返回值是 string。其中,数组或者 jQuery 对象会按照 name、value 进行序列化,普通对象会按照 key、value 进行序列化。

实例 9 使用 param(object)方法序列化对象(案例文件:ch13\13.9.html)

```
<!DOCTYPE html>
<html>
<head>
    <script type="text/javascript" src="jquery.min.js"></script>
    <script type="text/javascript">
        $(document).ready(function(){
            goodsObj = new Object();
            goodsObj.name = "computer";
            goodsObj.price = "6800";
            goodsObj.num = "1200";
            goodsObj.city = "Shanghai";
            $("button").click(function(){
                $("div").text($.param(goodsObj));
            });
        });
    </script>
</head>
<body>
<button>序列化对象</button>
<div></div>
</body>
</html>
```

运行程序,单击"序列化对象"按钮,结果如图 13-9 所示。

图 13-9　使用 param(object)方法示例

13.3　就业面试问题解答

面试问题 1：如何加载外部文本文件的内容？

在 jQuery 中，load()方法是一个简单而强大的 Ajax 方法。用户可以使用 load()方法从服务器加载数据，并把返回的数据放入被选元素中。使用的语法格式如下：

```
$(selector).load(URL,data,callback);
```

其中，URL 是必需的参数，表示希望加载的文件路径；data 参数是可选的，规定与请求一同发送的查询字符串键值对集合。callback 也是可选的参数，是 load()方法完成后所执行的函数名称。

例如，用户想加载 test.txt 文件的内容到指定的<div1>元素中，使用的代码如下：

```
$("#div1").load("test.txt");
```

面试问题 2：jQuery 的测试函数有哪些？

在 JavaScript 中，有自带的测试操作函数 isNaN()和 isFinite()。其中，isNaN()函数用于判断函数是不是数值，如果是数值就返回 false；isFinite()函数是检查其参数是不是无穷大，如果参数是 NaN(非数值)，或者是正负无穷大的数值时，就返回 false，否则返回 true。在 jQuery 的发展中，测试工具函数主要有下面两种，用于判断对象是不是某一种类型，返回值都是 boolean 值。

- $.isArray(object)：返回一个布尔值，指明对象是不是一个 JavaScript 数组(而不是类似数组的对象，如一个 jQuery 对象)。
- $.isFunction(object)：用于测试是否为函数的对象。

13.4　上机练练手

上机练习 1：综合应用 each()方法

本案例要求使用 each()方法实现以下三个功能。

① 输出数组 ["苹果","香蕉","橘子","香梨"]的每一个元素。

② 输出二维数组[[100, 110, 120], [200, 210, 220], [300, 310, 320]]中每一个一维数组里的第一个值，输出结果为 100、200 和 300。

③ 输出 {one:1000, two:2000, three:3000, four:4000}中每个元素的属性值，输出结果为

1000、2000、3000 和 4000。

程序运行结果如图 13-10 所示。

上机练习 2：综合应用 grep()方法

本案例要求使用 grep()方法实现过滤数组的功能，输出为两次过滤的结果。过滤的原始数组为[1, 2, 3, 4, 6, 8, 10, 20, 30, 88, 35, 86, 88, 99, 88]。

① 第一次过滤出原始数组中值不为 10，并且索引值大于 5 的元素。

② 第二次过滤是在第一次过滤的基础上再次过滤掉值为 88 的元素。

程序运行结果如图 13-11 所示。

图 13-10 综合应用 each()方法

图 13-11 综合应用 grep()方法

第14章

jQuery 插件应用与开发

虽然 jQuery 库提供的功能满足大部分的应用需求，但是对于一些特定的需求，需要开发人员使用或创建 jQuery 插件来扩充 jQuery 的功能，这正是 jQuery 具有的强大的扩展功能。通过使用插件可以提高项目的开发效率，解决人力成本问题。本章将重点学习 jQuery 插件的应用与开发方法。

14.1 理解插件

在学习插件之前,用户需要了解插件的基本概念。

14.1.1 什么是插件

编写插件的目的是给已有的一系列方法或函数做一个封装,以便在其他地方重复使用,方便后期维护。随着 jQuery 的广泛使用,已经出现了大量的 jQuery 插件,如 thickbox、iFX、jQuery-googleMap 等。简单地引用这些源文件就可以方便地使用其中的插件。

jQuery 除了提供简单、有效的方式来管理元素以及脚本外,还提供了添加方法和额外功能到核心模块的机制。通过这种机制,jQuery 允许用户创建属于自己的插件,以提高开发效率。

14.1.2 从哪里获取插件

jQuery 官方网站有很多现成的插件,在官方网站主页上选择 Plugins 超链接或者在地址栏中输入网址 https://plugins.jquery.com/并按 Enter 键,即可在打开的页面中查看和下载 jQuery 提供的插件,如图 14-1 所示。

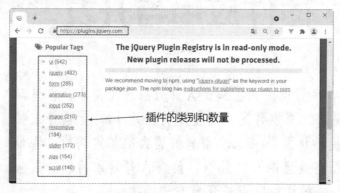

图 14-1 插件下载页面

14.1.3 如何使用插件

jQuery 插件其实就是 JS 包,所以使用方法比较简单,基本思路如下:

(1) 将下载的插件或者自定义插件放在主 jQuery 源文件下,然后在<head>标记中引用插件的 JS 文件和 jQuery 库文件。

(2) 包含一个自定义的 JavaScript 文件,并在其中使用插件创建的方法。

下面以常用的 jQuery Form 插件为例,简单介绍如何使用插件。操作步骤如下:

(1) 从 jQuery 官方网站下载 jquery.form.js 文件,然后放在网站目录下。

(2) 在页面中创建一个普通的 Form,代码如下:

```
<form id="myForm" action="comment.aspx" method="post">
    用户名：<input type="text" name="name" />
    评论：<textarea name="comment"></textarea>
    <input type="submit" value="Submit Comment" />
</form>
```

上述代码的 Form 和普通页面里面的 Form 没有任何区别，也没有用到任何特殊的元素。

(3) 在 Head 部分引入 jQuery 库和 Form 插件库文件，然后在合适的 JavaScript 区域使用插件提供的功能即可。

14.2 流行的 jQuery 插件

本节介绍几个流行的 jQuery 插件，包括 QueryUI 插件、Form 插件、提示信息插件和 jcarousel 插件。

14.2.1 jQueryUI 插件

jQueryUI 是一个基于 jQuery 的用户界面开发库，主要由 UI 小部件和 CSS 样式表集合而成，它们被打包到一起，以完成常规的任务。

jQueryUI 插件的下载地址为 http://jqueryui.com/download。在下载 jQueryUI 包时，还需要注意其他一些文件。development-bundle 目录下包含 demonstrations 和 documentation，它们虽然有用，但不是产品环境下部署所必需的。但是，在 css 和 js 目录下的文件，必须部署到 Web 应用程序中。js 目录包含 jQuery 和 jQueryUI 库，css 目录包括 CSS 文件和所有生成小部件和样式表所需的图片。

UI 插件主要用于实现鼠标互动，包括拖曳、排序、选择和缩放等效果，另外还有折叠菜单、日历、对话框、滑动条、表格排序、页签、放大镜和阴影等效果。

下面介绍两种常用的 jQueryUI 插件。

1. 鼠标拖曳页面板块

jQueryUI 提供的 API 极大地简化了鼠标拖曳功能的开发，只需要分别在拖曳源(source)和目标(target)上调用 draggable()函数即可。

draggable()函数可以接受很多参数，以完成不同的页面需求，如表 14-1 所示。

表 14-1 draggable()函数的参数表

参 数	描 述
helper	默认，即 draggable()方法本身，当设置为 clone 时，以复制形式进行拖曳
handle	拖曳对象是块中的子元素
start	拖曳启动时的回调函数
stop	拖曳结束时的回调函数
drag	拖曳过程中的执行函数
axis	拖曳的控制方向(例如，以 X,Y 轴为方向)

续表

参数	描述
containment	限制拖曳的区域
grid	限制对象移动的步长，如 grid[80,60]表示每次横向移动 80 像素，纵向移动 60 像素
opacity	对象在拖曳过程中的透明度设置
revert	拖曳后自动回到原处，则设置为 true，否则为 false
dragPrevention	子元素不触发拖曳的元素

实例 1 鼠标拖曳页面板块(案例文件：ch14\14.1.html)

```html
<!DOCTYPE html>
<html>
<head>
    <style type="text/css">
        <!--
        .block{
            border:2px solid #760022;
            background-color:#dcb5ff;
            width:80px; height:25px;
            margin:5px; float:left;
            padding:20px; text-align:center;
            font-size:14px;
        }
        -->
    </style>
    <script language="javascript" src="jquery.js"></script>
    <script language="javascript" src="ui.base.min.js"></script>
    <script language="javascript" src="ui.draggable.min.js"></script>
    <script language="javascript">
        $(function(){
            for(var i=0;i<3;i++){   //添加 3 个<div>块
                $(document.body).append($("<div class='block'>任意拖块"+i.toString()+"</div>").css ("opacity",0.6));
            }
            $(".block").draggable();
        });
    </script>
</head>
<body>
</body>
</html>
```

运行程序，结果如图 14-2 所示。按住拖块，即可拖曳对象到指定的位置，结果如图 14-3 所示。

2. 实现拖入购物车功能

jQueryUI 插件除提供了 draggable()来实现鼠标的拖曳功能外，还提供了一个 droppable()方法来实现接收容器。

第 14 章 jQuery 插件应用与开发

图 14-2 初始状态

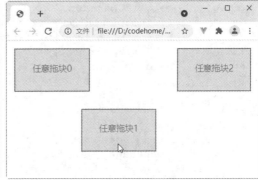

图 14-3 实现了拖曳功能

droppable()函数可以接受很多参数，以完成不同的页面需求，如表 14-2 所示。

表 14-2 droppable()函数的参数表

参 数	描 述
accept	如果是函数，对页面中所有的 droppable()对象执行，返回 true 值的允许接收；如果是字符串，允许接收 jQuery 选择器
activeClass	对象被拖曳时，容器的 CSS 样式
hoverClass	对象进入容器时，容器的 CSS 样式
tolerance	设置进入容器的状态(有 fit、intersect、pointer、touch)
active	对象开始被拖曳时调用的函数
deactive	当可接收对象不再被拖曳时调用的函数
over	当对象被拖曳出容器时调用的函数
out	当对象被拖曳出容器时调用的函数
drop	当可以接收对象被拖曳进入容器时调用的函数

实例2 创建拖入购物车效果(案例文件：ch14\14.2.html)

```
<!DOCTYPE html>
<html>
<head>
    <style type="text/css">
        <!--
        .draggable{
            width:70px; height:40px;
            border:2px solid;
            padding:10px; margin:5px;
            text-align:center;
        }
        .green{
            background-color:#73d216;
            border-color:#4e9a06;
        }
        .droppable {
            position:absolute;
```

```
            right:20px; top:20px;
            width:300px; height:250px;
            background-color:#e6caff;
            border:3px double #c17d11;
            padding:5px;
            text-align:center;
        }
        -->
    </style>
    <script language="javascript" src="jquery.js"></script>
    <script language="javascript" src="ui.base.min.js"></script>
    <script language="javascript" src="ui.draggable.min.js"></script>
    <script language="javascript" src="ui.droppable.min.js"></script>
    <script language="javascript">
        $(function(){
            $(".draggable").draggable({helper:"clone"});
            $("#droppable-accept").droppable({
                accept: function(draggable){
                    return $(draggable).hasClass("green");
                },
                drop: function(){
                    $(this).append($("<div></div>").html("成功添加到购物车！"));
                }
            });
        });
    </script>
</head>
<body>
<div class="draggable green ">苹果</div>
<div class="draggable green">香蕉</div>
<div class="draggable green ">菠萝</div>
<div class="draggable green">葡萄</div>
<div id="droppable-accept" class="droppable">购物车<br></div>
</body>
</html>
```

运行程序，选择需要拖曳的水果，按下鼠标左键，将其拖曳到右侧的购物车区域，即可显示"成功添加到购物车！"信息，如图14-4所示。

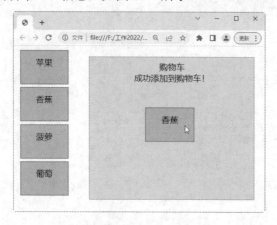

图14-4 创建拖入购物车效果

14.2.2 Form 插件

jQuery Form 插件是一个优秀的 Ajax 表单插件,可以非常容易地使 HTML 表单支持 Ajax。jQuery Form 有两个核心方法:ajaxForm()和 ajaxSubmit(),它们集合了从控制表单元素到决定如何管理提交进程的功能。另外,该插件还包括其他一些方法,如 formToArray()、formSerialize0、fieldSerialize()、fieldValue()、clearForm()、clearFields()和 resetForm()等。

1. ajaxForm()

ajaxForm()方法适用于以提交表单方式处理数据。需要在表单中标明表单的 action、id、method 属性,最好在表单中提供 submit 按钮。此方式大大简化了使用 Ajax 提交表单时的数据传递问题,不需要逐个以 JavaScript 的方式获取每个表单属性的值,也不需要通过 url 重写的方式传递数据。ajaxForm()会自动收集当前表单中每个属性的值,然后以表单提交的方式提交到目标 url。这种方式提交的数据较安全,使用简单,不需要冗余的 JavaScript 代码。

使用时,需要在 document 的 ready()函数中使用 ajaxForm()来为 Ajax 提交表单做准备。ajaxForm()接受 0 个或 1 个参数。单个参数既可以是一个回调函数,也可以是一个 Options 对象。代码如下:

```javascript
<script language="javascript">
    $(document).ready(function() {
        // 给 myFormId 绑定一个回调函数
        $('#myFormId').ajaxForm(function() {
            alert("成功提交!");
        });
    });
</script>
```

2. ajaxSubmit()

ajaxSubmit()方法适用于以事件机制提交表单,如通过超链接、图片的 click 事件等提交表单。此方法的作用与 ajaxForm()类似,但更为灵活,因为它依赖于事件机制,只要有事件存在就能使用该方法。使用时,只需要指定表单的 action 属性即可,不需提供 submit 按钮。

在使用 jQuery 的 Form 插件时,多数情况下调用 ajaxSubmit()对用户提交的表单进行响应。ajaxSubmit()接受 0 个或 1 个参数。单个参数既可以是一个回调函数,也可以是一个 Options 对象。一个简单的例子如下:

```javascript
<script language="javascript">
    $(document).ready(function(){
        $('#btn').click(function(){
            $('#registerForm').ajaxSubmit(function(data){
                alert(data);
            });
            return false;
```

```
        });
    });
</script>
```

上述代码通过表单中 id 为 btn 的按钮的 click 事件触发，并通过 ajaxSubmit()方法以异步 Ajax 方式提交表单到 action 所指路径。

简单地说，通过 Form 插件的这两个核心方法，可以在不修改表单的 HTML 代码的情况下，轻易地将表单的提交方式升级为 Ajax 提交方式。当然，Form 插件还拥有很多方法，这些方法可以帮助用户很容易地管理表单数据和表单提交事件。

14.2.3 提示信息插件

在网站开发过程中，有时想要实现对一篇文章的关键词的提示，也就是当鼠标移动到某个关键词上时，弹出相关的一段文字或图片介绍。这就需要使用 jQuery 的 clueTip 插件来实现。

clueTip 是一个 jQuery 工具提示插件，可以方便地为链接或其他元素添加 Tooltip 功能。当链接包括 title 属性时，它的内容将变成 clueTip 的标题。clueTip 中显示的内容可以通过 Ajax 获取，也可以从当前页面的元素中获取。

实例3 使用 clueTip 插件(案例文件：ch14\14.3.html)

```
<!DOCTYPE html>
<html>
<head>
    //引入 jQuery 库和 clueTip 插件的 CSS 文件和 JS 文件
    <link href="jquery.cluetip.css" rel="stylesheet" />
    <script type="text/javascript"  src="jquery.min.js"></script>
    <script type="text/javascript" src="jquery.cluetip.js"></script>
    <script type="text/javascript">
        $(document).ready(function() {
            $('a.tips').cluetip();
            $('#houdini').cluetip({
            //调用元素的 title 属性来填充 clueTip，在有"|"的地方将内容分割成独立的 div
                splitTitle: '|',
                showTitle: false     //隐藏 clueTip 的标题
            });
        });
    </script>
</head>
<body>
<p>
<a id="houdini" href="a.html"
    title="|本是后山人，偶做前堂客。
    |醉舞经阁半卷书，坐井说天阔。
    |大志戏功名，海斗量福祸。
    |论到囊中羞涩时，怒指乾坤错。">卜算子 自嘲</a>
</p>
</body>
</html>
```

运行程序，结果如图 14-5 所示。将鼠标放置在链接文字上，效果如图 14-6 所示。

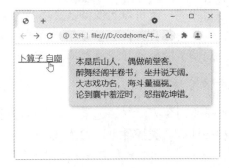

图 14-5　程序运行结果　　　　图 14-6　提示新鲜效果

14.2.4　jcarousel 插件

jcarousel 是一款 jQuery 插件，用来控制水平或垂直排列的列表项。例如，图 14-7 所示为滚动切换效果。单击左右两侧的箭头，可以向左或者向右查看图片。当到达第一张图片时，左边的箭头变为不可用状态；当到达最后一张图片时，右边的箭头变为不可用状态。

图 14-7　图片滚动切换效果

相关代码如下：

```
<script type="text/javascript" src="../lib/jquery.pack.js"></script>
<script type="text/javascript"
 src="../lib/jquery.jcarousel.pack.js"></script>
<link rel="stylesheet" type="text/css"
 href="../lib/jquery.jcarousel.css" />
<link rel="stylesheet" type="text/css" href="../skins/tango/skin.css" />
<script type="text/javascript">
jQuery(document).ready(function() {
jQuery('#mycarousel').jcarousel();
});
```

14.3　自定义插件

除了可以使用现成的插件以外，用户还可以自定义插件。

14.3.1　插件的工作原理

jQuery 插件的机制很简单，就是利用 jQuery 提供的 jQuery.fn.extend()和 jQuery.extend()

方法扩展 jQuery 的功能。知道插件的机制之后，编写插件就容易了，只要按照插件的机制和功能要求编写代码，就可以实现自定义功能的插件。

要按照机制编写插件，还需要了解插件的种类，插件一般分为三类：封装对象方法的插件、封装全局函数的插件和选择器插件。

1. 封装对象方法

这种插件是将对象方法封装起来，用于对通过选择器获取的 jQuery 对象进行操作，是最常见的一种插件。此类插件可以发挥 jQuery 选择器的强大优势，有相当一部分的 jQuery 方法都是在 jQuery 脚本库内部通过这种形式"插"在内核上的，如 parent()方法、appendTo()方法等。

2. 封装全局函数

可以将独立的函数加到 jQuery 命名空间。添加一个全局函数，只需做如下定义：

```
jQuery.foo = function() {
   alert('这是函数的具体内容.');
};
```

当然，用户也可以添加多个全局函数：

```
jQuery.foo = function() {
   alert('这是函数的具体内容.');
};
jQuery.bar = function(param) {
   alert('这是另外一个函数的具体内容".');
};
```

调用时与函数是一样的，即 jQuery.foo()、jQuery.bar()或者$.foo()、$.bar('bar')。例如，常用的 jQuery.ajax()方法、去首尾空格的 jQuery.trim()方法都是 jQuery 内部作为全局函数的插件附加到内核上的。

3. 选择器插件

虽然 jQuery 的选择器十分强大，但在少数情况下，还需要用选择器插件来扩充一些自己喜欢的选择器。

jQuery.fn.extend()多用于扩展上面提到的三种类型中的第一种插件，jQuery.extend()用于扩展后两种插件。这两个方法都接受一个类型为 Object 的参数。Object 对象的"名/值对"分别代表"函数或方法名/函数主体"。

14.3.2 自定义一个简单插件

下面通过一个例子来讲解如何自定义一个插件。该插件的功能是：在列表元素中，当鼠标在列表项上移动时，其背景颜色会根据设定的颜色而改变。

实例 4 鼠标移动后改变列表项的背景色(案例文件：ch14\14.4.html 和 14.4.js)

首先创建一个插件文件 14.4.js，代码如下：

```
/// <reference path="jquery.min.js"/>
/*-------------------------------------------------------------/
功能：设置列表中表项获取鼠标焦点时的背景色
参数：li_col(可选) 鼠标所在表项行的背景色
返回：原调用对象
示例：$("ul").focusColor("red");
/-------------------------------------------------------------*/
;(function($) {
    $.fn.extend({
        "focusColor": function(li_col) {
            var def_col = "#ccc";              //默认获取焦点的色值
            var lst_col = "#fff";              //默认丢失焦点的色值
            //如果设置的颜色不为空，使用设置的颜色，否则为默认色
            li_col = (li_col == undefined) ? def_col : li_col;
            $(this).find("li").each(function() {   //遍历表项<li>中的全部元素
                $(this).mouseover(function() {     //获取鼠标焦点事件
                    $(this).css("background-color", li_col); //使用设置的颜色
                }).mouseout(function() {           //鼠标焦点移出事件
                    $(this).css("background-color", "#fff"); //恢复原来的颜色
                })
            })
            return $(this);    //返回jQuery对象，保持链式操作
        }
    });
})(jQuery);
```

不考虑实际的处理逻辑时，该插件的框架如下：

```
;(function($) {
    $.fn.extend({
        "focusColor": function(li_col) {
            //各种默认属性和参数的设置
            $(this).find("li").each(function() {   //遍历表项<li>中的全部元素
                //插件的具体实现逻辑
            })
            return $(this);                        //返回jQuery对象，保持链式操作
        }
    });
})(jQuery);
```

各种默认属性和参数的设置：创建颜色参数，允许用户设定自己的颜色值，并根据参数是否为空来设定不同的颜色值。代码如下：

```
var def_col = "#ccc";              //默认获取焦点的色值
var lst_col = "#fff";              //默认丢失焦点的色值
//如果设置的颜色不为空，使用设置的颜色，否则为默认色
li_col = (li_col == undefined) ? def_col : li_col;
```

在遍历列表项时，针对鼠标移入事件 mouseover()设定对象的背景色，并且在鼠标移出事件 mouseout()中还原原来的背景色。代码如下：

```
$(this).mouseover(function() {                //获取鼠标焦点事件
    $(this).css("background-color", li_col);  //使用设置的颜色
}).mouseout(function() {                      //鼠标焦点移出事件
    $(this).css("background-color", "#fff");  //恢复原来的颜色
})
```

当调用此插件时，需要先引入插件的 JS 文件，然后调用该插件中的方法。

调用上述插件的文件为 14.4.html，代码如下：

```html
<!DOCTYPE html>
<html>
<head>
    <title>自定义插件</title>
    <script type="text/javascript" src="jquery.min.js"></script>
    <script type="text/javascript" src="14.4.js"></script>
    <style type="text/css">
        body{font-size:12px}
        .divFrame{width:260px;border:solid 1px #666}
        .divFrame .divTitle{
            padding:5px;background-color:#eee;font-weight:bold}
        .divFrame .divContent{padding:8px;line-height:1.6em}
        .divFrame .divContent ul{padding:0px;margin:0px;
            list-style-type:none}
        .divFrame .divContent ul li span{margin-right:20px}
    </style>
    <script type="text/javascript">
        $(function() {
            $("#u1").focusColor("red");  //调用自定义的插件
        })
    </script>
</head>
<body>
<div class="divFrame">
    <div class="divTitle">产品销售情况</div>
    <div class="divContent">
        <ul id="u1">
            <li><span>苹果</span><span>8.68元每千克</span></li>
            <li><span>橙子</span><span>4.68元每千克</span></li>
            <li><span>葡萄</span><span>6.68元每千克</span></li>
            <li><span>柚子</span><span>9.68元每千克</span></li>
            <li><span>香蕉</span><span>8.88元每千克</span></li>
        </ul>
    </div>
</dv>
</body>
</html>
```

运行程序，结果如图 14-8 所示。

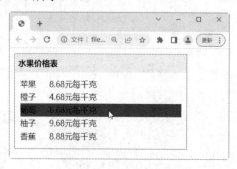

图 14-8　使用自定义插件

14.4 就业面试问题解答

面试习题 1：编写 jQuery 插件时需要注意什么？

- 插件的推荐命名方法为 jquery.[插件名].js。
- 所有的对象方法都应当附加到 jQuery.fn 对象上，而所有的全局函数都应当附加到 jQuery 对象上。
- 在插件内部，this 指向当前通过选择器获取的 jQuery 对象，而不像一般方法那样，内部的 this 指向 DOM 元素。
- 可以通过 this.each 来遍历所有的元素。
- 所有方法或函数插件都应当以分号结尾，否则压缩的时候可能会出现问题。为了更加保险，可以在插件头部添加一个分号，以免它们的不规范代码给插件带来影响。
- 插件应该返回一个 jQuery 对象，以便保证插件的链式操作。
- 避免在插件内部使用$作为 jQuery 对象的别名，而应当使用完整的 jQuery 来表示。这样可以避免冲突。

面试习题 2：如何避免插件函数或变量名冲突？

虽然在 jQuery 命名空间禁止使用大量的 JavaScript 函数名和变量名，但是仍然不可避免某些函数或变量名与其他 jQuery 插件冲突，因此需要将一些方法封装到另一个自定义的命名空间。例如下面使用空间的例子：

```
jQuery.myPlugin = {
    foo:function() {
        alert('This is a test. This is only a test.');
    },
    bar:function(param) {
        alert('This function takes a parameter, which is "' + param + '".');
    }
};
```

采用命名空间的函数仍然是全局函数，调用时采用的代码如下：

```
$.myPlugin.foo();
$.myPlugin.bar('baz');
```

14.5 上机练练手

上机练习 1：使用 jcarousel 插件实现图片轮播效果

本案例要求实现图片轮播效果，程序运行结果如图 14-9 所示。单击向左或者向右的箭头，即可按顺序切换图片；单击图片的缩略图，可以不按顺序任意切换图片。

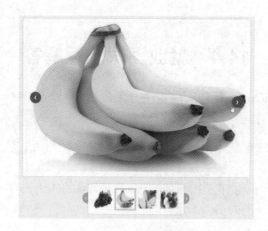

图 14-9　图片轮播效果

上机练习 2：自定义分页插件

本案例要求创建一个自定义分页插件，程序运行结果如图 14-10 所示。单击"上一页"或"下一页"按钮，或者直接单击页码，即可实现页面跳转的效果。

图 14-10　自定义分页插件

第15章

开发购物商城网站

在线购物网站是当前比较流行的一类网站。随着网络购物、互联网交易的普及，如淘宝、阿里巴巴、亚马逊等著名的在线网站一直受到企业的青睐，越来越多的企业都在着手架设自己的在线购物网站平台。本章就来介绍如何开发一个简单的购物商城网站。

15.1 购物商城系统设计

下面就来制作一个简单的购物商城网站，包括网站首页、女装/家居、男装/户外、童装/玩具、品牌故事等页面。

15.1.1 系统目标

本章要制作的购物网站是一个以服装为主流商品的网站，主要有以下特点：
- 操作简单方便，界面简洁美观。
- 能够全面展示商品的详细信息。
- 浏览速度快，尽量避免长时间打不开网页的情况发生。
- 页面中的文字要清晰，图片要与文字相符。
- 系统运行稳定，安全可靠。

15.1.2 系统功能结构

购物网站的系统功能结构如图 15-1 所示。

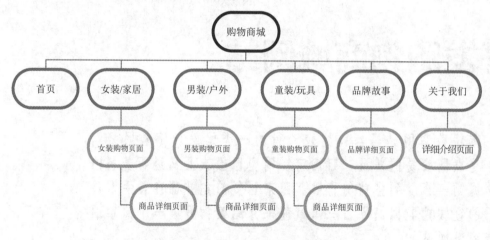

图 15-1 购物商城的功能结构

15.1.3 文件夹组织结构

购物商城网站的文件夹组织结构如图 15-2 所示。

可以看出，本项目是基于 HTML5、CSS3、JavaScript 的案例程序，主要通过 HTML5 确定框架、CSS3 确定样式、JavaScript 完成调度，三者结合来实现网页的动态化。案例所用的图片全部保存在 images 文件夹中。

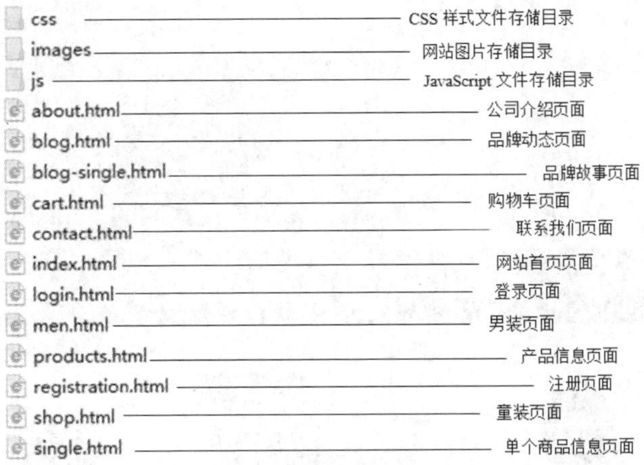

```
css ─────────────────── CSS 样式文件存储目录
images ──────────────── 网站图片存储目录
js ──────────────────── JavaScript 文件存储目录
about.html ──────────── 公司介绍页面
blog.html ───────────── 品牌动态页面
blog-single.html ────── 品牌故事页面
cart.html ───────────── 购物车页面
contact.html ────────── 联系我们页面
index.html ──────────── 网站首页页面
login.html ──────────── 登录页面
men.html ────────────── 男装页面
products.html ───────── 产品信息页面
registration.html ───── 注册页面
shop.html ───────────── 童装页面
single.html ─────────── 单个商品信息页面
```

图 15-2 购物商城网站的文件夹组织结构

15.2 网页预览

在设计购物商城网站时，应用了 CSS 样式、<div>标记、JavaScript 和 jQuery 技术，从而制作出一个功能齐全、页面优美的购物网页。下面就来预览网页效果。

15.2.1 网站首页效果

购物商城网的首页用于展示最新上架的商品信息，还包括网站的导航菜单、购物车功能、登录功能等。首页页面的运行效果如图 15-3 所示。

图 15-3 购物商城网站首页

15.2.2 关于我们效果

关于我们页面的主要内容包括本网站的介绍,以及本购物网站的一些品牌介绍,页面运行效果如图 15-4 所示。

图 15-4　关于我们页面

单击某个知名品牌后,进入下一级品牌故事页面。在此页面可以查看该品牌的一些介绍信息,页面运行效果如图 15-5 所示。

图 15-5　品牌故事页面

15.2.3 商品展示效果

通过单击首页的导航菜单，可以进入商品展示页面。这里包括女装、男装、童装，页面运行效果如图 15-6、图 15-7 和图 15-8 所示。

图 15-6　女装购买页面

图 15-7　男装购买页面

图 15-8 童装购买页面

15.2.4 商品详情效果

在女装、男装或童装购买页面,单击某个商品,将进入该商品的详细介绍页面。这里包括商品名称、价格、数量以及添加购物车等功能,页面运行效果如图 15-9 所示。

图 15-9 商品详情页面

15.2.5 购物车效果

在首页单击"购物车",即可进入购物车功能页面,可以查看当前购物车的信息、订单详情等内容,页面运行效果如图 15-10 所示。

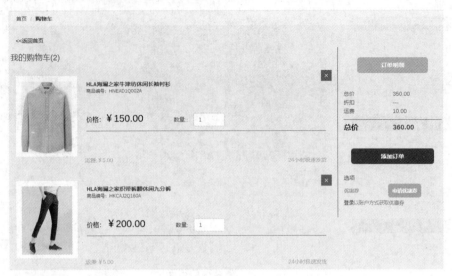

图 15-10　购物车功能页面

15.2.6　品牌故事效果

在首页单击"品牌故事"导航菜单,进入品牌动态页面,包括具体的动态内容、品牌分类、知名品牌等,页面运行效果如图 15-11 所示。

图 15-11　品牌动态页面

15.2.7　用户登录效果

在首页单击"登录"超链接,进入登录页面。输入用户名与密码,即可以用户会员的身份登录购物网站，页面运行效果如图 15-12 所示。

图 15-12　用户登录页面

15.2.8　用户注册效果

如果在登录页面单击"创建一个账户"按钮，就可以进入用户注册页面，页面运行效果如图 15-13 所示。

图 15-13　用户注册页面

15.3　项目实现

下面来介绍购物商城网站各个页面的实现过程及相关代码。

15.3.1　首页页面

在网站首页，一般会提供导航菜单，通过导航菜单可以实现在不同页面之间跳转。导航菜单的浏览效果如图 15-14 所示。

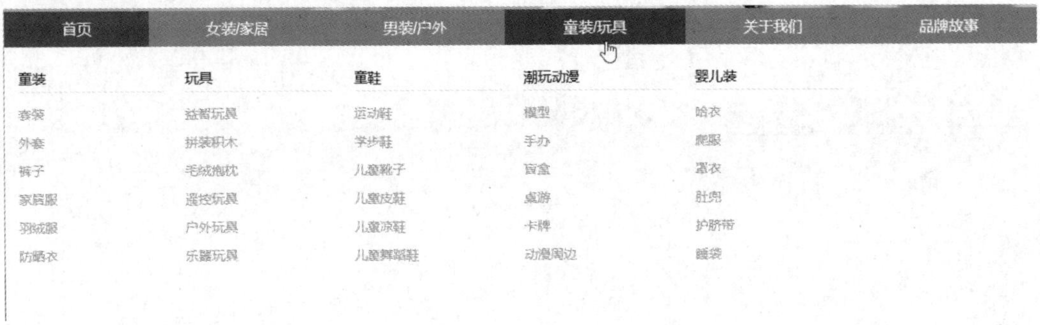

图 15-14　网站导航菜单

实现导航菜单的 HTML 代码如下：

```html
<ul class="megamenu skyblue">
        <li class="active grid"><a class="color1" href="index.html">首页</a></li>
        <li class="grid"><a href="#">女装/家居</a>
            <div class="megapanel">
                <div class="row">
                    <div class="col1">
                        <div class="h_nav">
                            <h4>上装</h4>
                            <ul>
                                <li><a href="products.html">卫衣</a></li>
                                <li><a href="products.html">衬衫</a></li>
                                <li><a href="products.html">T 恤</a></li>
                                <li><a href="products.html">毛衣</a></li>
                                <li><a href="products.html">马甲</a></li>
                                <li><a href="products.html">雪纺衫</a></li>
                            </ul>
                        </div>
                    </div>
                    <div class="col1">
                        <div class="h_nav">
                            <h4>外套</h4>
                            <ul>
                                <li><a href="products.html">短外套</a></li>
                                <li><a href="products.html">女式风衣</a></li>
                                <li><a href="products.html">毛呢大衣</a></li>
                                <li><a href="products.html">女式西装</a></li>
                                <li><a href="products.html">羽绒服</a></li>
                                <li><a href="products.html">皮草</a></li>
                            </ul>
                        </div>
                    </div>
                    <div class="col1">
                        <div class="h_nav">
                            <h4>女裤</h4>
                            <ul>
                                <li><a href="products.html">休闲裤</a></li>
```

```html
                            <li><a href="products.html">牛仔裤</a></li>
                            <li><a href="products.html">打底裤</a></li>
                            <li><a href="products.html">羽绒裤</a></li>
                            <li><a href="products.html">七分裤</a></li>
                            <li><a href="products.html">九分裤</a></li>
                        </ul>
                    </div>
                </div>
                <div class="col1">
                    <div class="h_nav">
                        <h4>裙装</h4>
                        <ul>
                            <li><a href="products.html">连衣裙</a></li>
                            <li><a href="products.html">半身裙</a></li>
                            <li><a href="products.html">旗袍</a></li>
                            <li><a href="products.html">无袖裙</a></li>
                            <li><a href="products.html">长袖裙</a></li>
                            <li><a href="products.html">职业裙</a></li>
                        </ul>
                    </div>
                </div>
                <div class="col1">
                    <div class="h_nav">
                        <h4>家居</h4>
                        <ul>
                            <li><a href="products.html">保暖内衣</a></li>
                            <li><a href="products.html">睡袍</a></li>
                            <li><a href="products.html">家居服</a></li>
                            <li><a href="products.html">袜子</a></li>
                            <li><a href="products.html">手套</a></li>
                            <li><a href="products.html">围巾</a></li>
                        </ul>
                    </div>
                </div>
            </div>
            <div class="row">
                <div class="col2"></div>
                <div class="col1"></div>
                <div class="col1"></div>
                <div class="col1"></div>
                <div class="col1"></div>
            </div>
        </div>
    </li>
    <li><a href="#">男装/户外</a><div class="megapanel">
        <div class="row">
            <div class="col1">
                <div class="h_nav">
                    <h4>上装</h4>
                    <ul>
                        <li><a href="men.html">短外套</a></li>
                        <li><a href="men.html">卫衣</a></li>
                        <li><a href="men.html">衬衫</a></li>
                        <li><a href="men.html">风衣</a></li>
```

```html
            <li><a href="men.html">夹克</a></li>
            <li><a href="men.html">毛衣</a></li>
        </ul>
    </div>
</div>
<div class="col1">
    <div class="h_nav">
        <h4>裤子</h4>
        <ul>
            <li><a href="men.html">休闲长裤</a></li>
            <li><a href="men.html">牛仔长裤</a></li>
            <li><a href="men.html">工装裤</a></li>
            <li><a href="men.html">休闲短裤</a></li>
            <li><a href="men.html">牛仔短裤</a></li>
            <li><a href="men.html">防水皮裤</a></li>
        </ul>
    </div>
</div>
<div class="col1">
    <div class="h_nav">
        <h4>特色套装</h4>
        <ul>
            <li><a href="men.html">运动套装</a></li>
            <li><a href="men.html">时尚套装</a></li>
            <li><a href="men.html">工装制服</a></li>
            <li><a href="men.html">民风汉服</a></li>
            <li><a href="men.html">老年套装</a></li>
            <li><a href="men.html">大码套装</a></li>
        </ul>
    </div>
</div>
<div class="col1">
    <div class="h_nav">
        <h4>运动穿搭</h4>
        <ul>
            <li><a href="men.html">休闲鞋</a></li>
            <li><a href="men.html">跑步鞋</a></li>
            <li><a href="men.html">篮球鞋</a></li>
            <li><a href="men.html">运动夹克</a></li>
            <li><a href="men.html">运行长裤</a></li>
            <li><a href="men.html">运动卫衣</a></li>
        </ul>
    </div>
</div>
<div class="col1">
    <div class="h_nav">
        <h4>正装套装</h4>
        <ul>
            <li><a href="men.html">西服</a></li>
            <li><a href="men.html">西裤</a></li>
            <li><a href="men.html">西服套装</a></li>
            <li><a href="men.html">商务套装</a></li>
            <li><a href="men.html">休闲套装</a></li>
```

```html
                    <li><a href="men.html">新郎套装</a></li>
                </ul>
            </div>
        </div>
    </div>
    <div class="row">
        <div class="col2"></div>
        <div class="col1"></div>
        <div class="col1"></div>
        <div class="col1"></div>
        <div class="col1"></div>
    </div>
</div>
</li>
<li><a href="#">童装/玩具</a>
<div class="megapanel">
    <div class="row">
        <div class="col1">
            <div class="h_nav">
                <h4>童装</h4>
                <ul>
                    <li><a href="shop.html">套装</a></li>
                    <li><a href="shop.html">外套</a></li>
                    <li><a href="shop.html">裤子</a></li>
                    <li><a href="shop.html">家居服</a></li>
                    <li><a href="shop.html">羽绒服</a></li>
                    <li><a href="shop.html">防晒衣</a></li>
                </ul>
            </div>
        </div>
        <div class="col1">
            <div class="h_nav">
                <h4>玩具</h4>
                <ul>
                    <li><a href="shop.html">益智玩具</a></li>
                    <li><a href="shop.html">拼装积木</a></li>
                    <li><a href="shop.html">毛绒抱枕</a></li>
                    <li><a href="shop.html">遥控玩具</a></li>
                    <li><a href="shop.html">户外玩具</a></li>
                    <li><a href="shop.html">乐器玩具</a></li>
                </ul>
            </div>
        </div>
        <div class="col1">
            <div class="h_nav">
                <h4>童鞋</h4>
                <ul>
                    <li><a href="shop.html">运动鞋</a></li>
                    <li><a href="shop.html">学步鞋</a></li>
                    <li><a href="shop.html">儿童靴子</a></li>
                    <li><a href="shop.html">儿童皮鞋</a></li>
                    <li><a href="shop.html">儿童凉鞋</a></li>
                    <li><a href="shop.html">儿童舞蹈鞋</a></li>
                </ul>
```

```
                    </div>
                </div>
                <div class="col1">
                    <div class="h_nav">
                        <h4>潮玩动漫</h4>
                        <ul>
                            <li><a href="shop.html">模型</a></li>
                            <li><a href="shop.html">手办</a></li>
                            <li><a href="shop.html">盲盒</a></li>
                            <li><a href="shop.html">桌游</a></li>
                            <li><a href="shop.html">卡牌</a></li>
                            <li><a href="shop.html">动漫周边</a></li>
                        </ul>
                    </div>
                </div>
                <div class="col1">
                    <div class="h_nav">
                        <h4>婴儿装</h4>
                        <ul>
                            <li><a href="shop.html">哈衣</a></li>
                            <li><a href="shop.html">爬服</a></li>
                            <li><a href="shop.html">罩衣</a></li>
                            <li><a href="shop.html">肚兜</a></li>
                            <li><a href="shop.html">护脐带</a></li>
                            <li><a href="shop.html">睡袋</a></li>
                        </ul>
                    </div>
                </div>
            </div>
        </li>
        <li class="grid"><a href="about.html">关于我们</a></li>
        <li class="grid"><a href="blog.html">品牌故事</a></li>
    </ul>
```

上述代码定义了一个<ul>标签,然后通过调用 CSS 样式表来控制<div>标签的样式,并在<div>标签中插入无序列表,实现导航菜单效果。

为实现导航菜单的动态页面,下面又调用了脚本文件 megamenu.js,同时添加了 jQuery 相关代码。代码如下:

```
<link href="css/megamenu.css" rel="stylesheet" type="text/css" media="all" />
<script type="text/javascript" src="js/megamenu.js"></script>
<script>$(document).ready(function(){$(".megamenu").megamenu();});</script>
```

导航菜单下是有关女装、男装、童装的产品详细页面,同时包括"立即抢购"与"加入购物车"两个按钮,代码如下:

```
<div class="features" id="features">
 <div class="container">
    <div class="tabs-box">
        <ul class="tabs-menu">
            <li><a href="#tab1">女装</a></li>
```

```html
            <li><a href="#tab2">男装</a></li>
            <li><a href="#tab3">童装</a></li>
        </ul>
        <div class="clearfix"> </div>
    <div class="tab-grids">
        <div id="tab1" class="tab-grid1">
            <a href="single.html"><div class="product-grid">
                <div class="more-product-info"><span>NEW</span></div>
                <div class="product-img b-link-stripe b-animate-go thickbox">
                    <img src="images/bs1.jpg" class="img-responsive" />
                    <div class="b-wrapper">
                    <h4 class="b-animate b-from-left  b-delay03">
                    <button class="btns">立即抢购</button>
                    </h4>
                    </div>
                </div></a>
                <div class="product-info simpleCart_shelfItem">
                    <div class="product-info-cust">
                        <h4>长款连衣裙</h4>
                        <span class="item_price">¥187</span>
                        <input type="text" class="item_quantity" value="1" />
                        <input type="button" class="item_add" value="加入购物车">
                    </div>
                    <div class="clearfix"> </div>
                </div>
            </div>
             <a href="single.html"><div class="product-grid">
                <div class="more-product-info"><span>NEW</span></div>
                
                <div class="more-product-info"></div>
                <div class="product-img b-link-stripe b-animate-go thickbox">
                    <img src="images/bs2.jpg" class="img-responsive" />
                    <div class="b-wrapper">
                    <h4 class="b-animate b-from-left  b-delay03">
                    <button class="btns">立即抢购</button>
                    </h4>
                    </div>
                </div> </a>
                <div class="product-info simpleCart_shelfItem">
                    <div class="product-info-cust">
                        <h4>超短裙</h4>
                        <span class="item_price">¥187.95</span>
                        <input type="text" class="item_quantity" value="1" />
                        <input type="button" class="item_add" value="加入购物车">
                    </div>
                    <div class="clearfix"> </div>
                </div>
            </div>
             <a href="single.html"><div class="product-grid">
```

```html
                    <div class="more-product-info"><span>NEW</span></div>
                    <div class="more-product-info"></div>
                    <div class="product-img b-link-stripe b-animate-go thickbox">
                        <img src="images/bs3.jpg" class="img-responsive" />
                        <div class="b-wrapper">
                        <h4 class="b-animate b-from-left  b-delay03">
                            <button class="btns">立即抢购</button>
                        </h4>
                        </div>
                    </div>   </a>
                    <div class="product-info simpleCart_shelfItem">
                        <div class="product-info-cust">
                            <h4>蕾丝半身裙</h4>
                            <span class="item_price">¥154</span>
                            <input type="text" class="item_quantity" value="1" />
                            <input type="button" class="item_add" value="加入购物车">
                        </div>
                        <div class="clearfix"> </div>
                    </div>
                </div>
                <a href="single.html"><div class="product-grid">
                    <div class="more-product-info"><span>NEW</span></div>
                    <div class="more-product-info"></div>
                    <div class="product-img b-link-stripe b-animate-go thickbox">
                        <img src="images/bs4.jpg" class="img-responsive" />
                        <div class="b-wrapper">
                        <h4 class="b-animate b-from-left  b-delay03">
                            <button class="btns">立即抢购</button>
                        </h4>
                        </div>
                    </div></a>
                    <div class="product-info simpleCart_shelfItem">
                        <div class="product-info-cust">
                            <h4>学院风连衣裤</h4>
                            <span class="item_price">¥150.95</span>
                            <input type="text" class="item_quantity" value="1" />
                            <input type="button" class="item_add" value="加入购物车">
                        </div>
                        <div class="clearfix"> </div>
                    </div>
                </div>
                <a href="single.html"><div class="product-grid">
                    <div class="more-product-info"><span>NEW</span></div>
                    <div class="product-img b-link-stripe b-animate-go
```

```html
thickbox">
                            <img src="images/bs5.jpg" class="img-responsive" />
                            <div class="b-wrapper">
                            <h4 class="b-animate b-from-left  b-delay03">
                            <button class="btns">立即抢购</button>
                            </h4>
                            </div>
                    </div>    </a>
                    <div class="product-info simpleCart_shelfItem">
                        <div class="product-info-cust">
                            <h4>长款半身裙</h4>
                            <span class="item_price">¥140.95</span>
                            <input type="text" class="item_quantity" value="1" />
                            <input type="button" class="item_add" value="加入购物车">
                        </div>
                        <div class="clearfix"> </div>
                    </div>
                </div>
                <a href="single.html"><div class="product-grid">
                    <div class="more-product-info"><span>NEW</span></div>

                    <div class="more-product-info"></div>

                    <div class="product-img b-link-stripe b-animate-go thickbox">
                            <img src="images/bs6.jpg" class="img-responsive" />
                            <div class="b-wrapper">
                            <h4 class="b-animate b-from-left  b-delay03">
                            <button class="btns">立即抢购</button>
                            </h4>
                            </div>
                    </div></a>
                    <div class="product-info simpleCart_shelfItem">
                        <div class="product-info-cust">
                            <h4>冬装套裙</h4>
                            <span class="item_price">¥100.00</span>
                            <input type="text" class="item_quantity" value="1" />
                            <input type="button" class="item_add" value="加入购物车">
                        </div>
                        <div class="clearfix"> </div>
                    </div>
                </div>
                <div class="clearfix"></div>
        </div>
        <div id="tab2" class="tab-grid2">
            <a href="single.html"><div class="product-grid">
                    <div class="more-product-info"><span>NEW</span></div>

                    <div class="more-product-info"></div>
                    <div class="product-img b-link-stripe b-animate-go thickbox">
```

```html
                <img src="images/c1.jpg" class="img-responsive" />
                <div class="b-wrapper">
                <h4 class="b-animate b-from-left  b-delay03">
                <button class="btns">立即抢购</button>
                </h4>
                </div>
            </div></a>
            <div class="product-info simpleCart_shelfItem">
                <div class="product-info-cust">
                    <h4>运动裤</h4>
                    <span class="item_price">￥187.95</span>
                    <input type="text" class="item_quantity" value="1" />
                    <input type="button" class="item_add" value="加入购物车">
                </div>
                <div class="clearfix"> </div>
            </div>
        </div>
         <a href="single.html"><div class="product-grid">
            <div class="more-product-info"><span>NEW</span></div>
            
            <div class="more-product-info"></div>
            
            <div class="product-img b-link-stripe b-animate-go thickbox">
                <img src="images/c2.jpg" class="img-responsive" />
                <div class="b-wrapper">
                <h4 class="b-animate b-from-left  b-delay03">
                <button class="btns">立即抢购</button>
                </h4>
                </div>
            </div>  </a>
            <div class="product-info simpleCart_shelfItem">
                <div class="product-info-cust">
                    <h4>休闲裤</h4>
                    <span class="item_price">￥120.95</span>
                    <input type="text" class="item_quantity" value="1" />
                    <input type="button" class="item_add" value="加入购物车">
                </div>
                <div class="clearfix"> </div>
            </div>
        </div>
         <a href="single.html"><div class="product-grid">
            <div class="more-product-info"><span>NEW</span></div>
            
            <div class="product-img b-link-stripe b-animate-go thickbox">
                <img src="images/c3.jpg" class="img-responsive" />
                <div class="b-wrapper">
                <h4 class="b-animate b-from-left  b-delay03"><button class="btns">立即抢购</button>
                </h4>
```

```html
                </div>
            </div></a>
            <div class="product-info simpleCart_shelfItem">
                <div class="product-info-cust">
                    <h4>商务裤</h4>
                    <span class="item_price">¥187.95</span>
                    <input type="text" class="item_quantity" value="1" />
                    <input type="button" class="item_add" value="加入购物车">
                </div>
                <div class="clearfix"> </div>
            </div>
        </div>
         <a href="single.html"><div class="product-grid">
            <div class="more-product-info"><span>NEW</span></div>

            <div class="product-img b-link-stripe b-animate-go thickbox">
                <img src="images/c4.jpg" class="img-responsive" />
                <div class="b-wrapper">
                <h4 class="b-animate b-from-left  b-delay03">
                <button class="btns">立即抢购</button>
                </h4>
                </div>
            </div>  </a>
            <div class="product-info simpleCart_shelfItem">
                <div class="product-info-cust">
                    <h4>九分裤</h4>
                    <span class="item_price">¥187.95</span>
                    <input type="text" class="item_quantity" value="1" />
                    <input type="button" class="item_add" value="加入购物车">
                </div>
                <div class="clearfix"> </div>
            </div>
        </div>
        <a href="single.html"><div class="product-grid">
            <div class="more-product-info"><span>NEW</span></div>

            <div class="more-product-info"></div>

            <div class="product-img b-link-stripe b-animate-go thickbox">
                <img src="images/c5.jpg" class="img-responsive" />
                <div class="b-wrapper">
                <h4 class="b-animate b-from-left  b-delay03">
                <button class="btns">立即抢购</button>
                </h4>
                </div>
            </div></a>
            <div class="product-info simpleCart_shelfItem">
                <div class="product-info-cust">
                    <h4>九分裤</h4>
```

```html
                                <span class="item_price">¥187.95</span>
                                <input type="text" class="item_quantity" value="1" />
                                <input type="button" class="item_add" value="加入购物车">
                            </div>
                            <div class="clearfix"> </div>
                        </div>
                    </div>
                     <a href="single.html"><div class="product-grid">
                        <div class="more-product-info"><span>NEW</span></div>
                        <div class="more-product-info"></div>
                        <div class="product-img b-link-stripe b-animate-go thickbox">
                            <img src="images/c6.jpg" class="img-responsive" />
                            <div class="b-wrapper">
                            <h4 class="b-animate b-from-left  b-delay03">
                                <button class="btns">立即抢购</button>
                            </h4>
                            </div>
                        </div></a>
                        <div class="product-info simpleCart_shelfItem">
                            <div class="product-info-cust">
                                <h4>休闲裤</h4>
                                <span class="item_price">¥180.95</span>
                                <input type="text" class="item_quantity" value="1" />
                                <input type="button" class="item_add" value="加入购物车">
                            </div>
                            <div class="clearfix"> </div>
                        </div>
                    </div>
                    <div class="clearfix"></div>
                </div>
            <div id="tab3" class="tab-grid3">
                 <a href="single.html"><div class="product-grid">
                    <div class="more-product-info"><span>NEW</span></div>
                    <div class="more-product-info"></div>
                    <div class="product-img b-link-stripe b-animate-go thickbox">
                        <img src="images/t1.jpg" class="img-responsive" />
                        <div class="b-wrapper">
                        <h4 class="b-animate b-from-left  b-delay03">
                            <button class="btns">立即抢购</button>
                        </h4>
                        </div>
                    </div>   </a>
                    <div class="product-info simpleCart_shelfItem">
                        <div class="product-info-cust">
                            <h4>男童棉服</h4>
                            <span class="item_price">¥160.95</span>
```

```html
                            <input type="text" class="item_quantity" value="1" />
                            <input type="button" class="item_add" value="加入购物车">
                        </div>
                        <div class="clearfix"> </div>
                    </div>
                </div>
                <a href="single.html"><div class="product-grid">
                    <div class="more-product-info"><span>NEW</span></div>
                    
                    <div class="more-product-info"></div>
                    
                    <div class="product-img b-link-stripe b-animate-go thickbox">
                        <img src="images/t2.jpg" class="img-responsive" />
                        <div class="b-wrapper">
                        <h4 class="b-animate b-from-left  b-delay03">
                            <button class="btns">立即抢购</button>
                        </h4>
                        </div>
                    </div>  </a>
                    <div class="product-info simpleCart_shelfItem">
                        <div class="product-info-cust">
                            <h4>女童棉服</h4>
                            <span class="item_price">¥187.95</span>
                            <input type="text" class="item_quantity" value="1" />
                            <input type="button" class="item_add" value="加入购物车">
                        </div>
                        <div class="clearfix"> </div>
                    </div>
                </div>
                 <a href="single.html"><div class="product-grid">
                    <div class="more-product-info"><span>NEW</span></div>
                    
                    <div class="more-product-info"></div>
                    <div class="product-img b-link-stripe b-animate-go thickbox">
                        <img src="images/t3.jpg" class="img-responsive" />
                        <div class="b-wrapper">
                        <h4 class="b-animate b-from-left  b-delay03">
                            <button class="btns">立即抢购</button>
                        </h4>
                        </div>
                    </div></a>
                    <div class="product-info simpleCart_shelfItem">
                        <div class="product-info-cust">
                            <h4>女童冬外套</h4>
                            <span class="item_price">¥187.95</span>
                            <input type="text" class="item_quantity" value="1" />
                            <input type="button" class="item_add" value="加入购物车">
```

```html
                        </div>
                        <div class="clearfix"> </div>
                    </div>
                </div>
                <a href="single.html"><div class="product-grid">
                    <div class="more-product-info"><span>NEW</span></div>

                    <div class="more-product-info"></div>

                    <div class="product-img b-link-stripe b-animate-go thickbox">
                        <img src="images/t4.jpg" class="img-responsive" />
                        <div class="b-wrapper">
                        <h4 class="b-animate b-from-left  b-delay03">
                        <button class="btns">立即抢购</button>
                        </h4>
                        </div>
                    </div>   </a>
                    <div class="product-info simpleCart_shelfItem">
                        <div class="product-info-cust">
                            <h4>男童羽绒裤</h4>
                            <span class="item_price">￥187.95</span>
                            <input type="text" class="item_quantity" value="1" />
                            <input type="button" class="item_add" value="加入购物车">
                        </div>
                        <div class="clearfix"> </div>
                    </div>
                </div>
                <a href="single.html"><div class="product-grid">
                    <div class="more-product-info"><span>NEW</span></div>

                    <div class="more-product-info"></div>
                    <div class="product-img b-link-stripe b-animate-go thickbox">
                        <img src="images/t5.jpg" class="img-responsive" />
                        <div class="b-wrapper">
                        <h4 class="b-animate b-from-left  b-delay03">
                        <button class="btns">立即抢购</button>
                        </h4>
                        </div>
                    </div>   </a>
                    <div class="product-info simpleCart_shelfItem">
                        <div class="product-info-cust">
                            <h4>男童羽绒服</h4>
                            <span class="item_price">￥187.95</span>
                            <input type="text" class="item_quantity" value="1" />
                            <input type="button" class="item_add" value="加入购物车">
                        </div>
                        <div class="clearfix"> </div>
                    </div>
                </div>
```

```html
                        <a href="single.html"><div class="product-grid">
                            <div class="more-product-info"><span>NEW</span></div>
                            <div class="more-product-info"></div>
                            <div class="product-img b-link-stripe b-animate-go thickbox">
                                    <img src="images/t6.jpg" class="img-responsive" />
                                    <div class="b-wrapper">
                                    <h4 class="b-animate b-from-left b-delay03">
                                    <button class="btns">立即抢购</button>
                                    </h4>
                                    </div>
                            </div></a>
                            <div class="product-info simpleCart_shelfItem">
                                    <div class="product-info-cust">
                                        <h4>女童羽绒服</h4>
                                        <span class="item_price">¥187.95</span>
                                        <input type="text" class="item_quantity" value="1" />
                                        <input type="button" class="item_add" value="加入购物车">
                                    </div>
```

15.3.2 动态效果

网站页面中的"立即抢购"按钮是隐藏的,当鼠标放置在商品图片上时会自动滑动出现。要想实现这种功能,可以在网站中应用 jQuery 库。要想在文件中引入 jQuery 库,需要在网页<head>标记中应用下面的引入语句。

```html
<script type="text/javascript" src="js/jquery.min.js"></script>
```

例如,在本程序中使用 jQuery 库来实现按钮的自动滑动效果,代码如下:

```javascript
<script>
$(document).ready(function() {
    $("#tab2").hide();
    $("#tab3").hide();
    $(".tabs-menu a").click(function(event){
        event.preventDefault();
        var tab=$(this).attr("href");
        $(".tab-grid1,.tab-grid2,.tab-grid3").not(tab).css("display","none");
        $(tab).fadeIn("slow");
    });
    $("ul.tabs-menu li a").click(function(){
        $(this).parent().addClass("active a");
        $(this).parent().siblings().removeClass("active a");
    });
});
</script>
```

在网站首页,把鼠标放置在商品图片上,"立即抢购"按钮就会自动滑动出现,如图 15-15 所示。当鼠标离开商品图片后,"立即抢购"按钮就会消失,如图 15-16 所示。

图 15-15　按钮出现　　　　　图 15-16　按钮消失

15.3.3　购物车

购物车是一个购物网站必备的功能，通过购物车可以实现商品的添加、删除、订单详情列表的查询等。实现购物车功能的主要代码如下：

```
<div class="cart">
    <div class="container">
        <ol class="breadcrumb">
         <li><a href="men.html">首页</a></li>
         <li class="active">购物车</li>
        </ol>
        <div class="cart-top">
           <a href="index.html"><<返回首页</a>
        </div>

        <div class="col-md-9 cart-items">
           <h2>我的购物车(2)</h2>
             <script>$(document).ready(function(c) {
                $('.close1').on('click', function(c){
                    $('.cart-header').fadeOut('slow', function(c){
                    $('.cart-header').remove();
                });
                });
             });
           </script>
           <div class="cart-header">
             <div class="close1"> </div>
             <div class="cart-sec">
                <div class="cart-item cyc">
                    <img src="images/pic-2.jpg"/>
                </div>
                <div class="cart-item-info">
                    <h3>HLA 海澜之家牛津纺休闲长袖衬衫<span>商品编号：HNEAD1Q002A</span></h3>
                    <h4><span>价格：</span>￥150.00</h4>
                    <p class="qty">数量：</p>
```

```html
                    <input min="1" type="number" id="quantity" name="quantity" value="1" class="form-control input-small">
                </div>
                <div class="clearfix"></div>
                  <div class="delivery">
                        <p>运费：¥5.00</p>
                        <span>24 小时极速发货</span>
                        <div class="clearfix"></div>
                </div>
            </div>
        </div>
        <script>
                        $(document).ready(function(c) {
                $('.close2').on('click', function(c){
                        $('.cart-header2').fadeOut('slow', function(c){
                        $('.cart-header2').remove();
                });
                });
                });
        </script>
        <div class="cart-header2">
            <div class="close2"> </div>
             <div class="cart-sec">
                    <div class="cart-item">
                        <img src="images/pic-1.jpg"/>
                    </div>
                    <div class="cart-item-info">
                        <h3>HLA 海澜之家织带裤腰休闲九分裤<span>商品编号：HKCAJ2Q160A</span></h3>
                        <h4><span>价格： </span>¥200.00</h4>
                        <p class="qty">数量：</p>
                    <input min="1" type="number" id="quantity" name="quantity" value="1" class="form-control input-small">
                </div>
                <div class="clearfix"></div>
                  <div class="delivery">
                        <p>运费：¥5.00</p>
                        <span>24 小时极速发货</span>
                        <div class="clearfix"></div>
                </div>
            </div>
         </div>
    </div>

    <div class="col-md-3 cart-total">
        <a class="continue" href="#">订单明细</a>
        <div class="price-details">
            <span>总价</span>
            <span class="total">350.00</span>
            <span>折扣</span>
            <span class="total">---</span>
            <span>运费</span>
            <span class="total">10.00</span>
            <div class="clearfix"></div>
        </div>
```

```
            <h4 class="last-price">总价</h4>
            <span class="total final">360.00</span>
            <div class="clearfix"></div>
            <a class="order" href="#">添加订单</a>
            <div class="total-item">
                <h3>选项</h3>
                <h4>优惠券</h4>
                <a class="cpns" href="#">申请优惠券</a>
                <p><a href="#">登录</a>以账户方式获取优惠券</p>
            </div>
        </div>
    </div>
</div>
```

15.3.4 登录页面

浏览本案例的主页 index.html 文件，然后单击首页的"登录"超链接，即可进入登录页面。下面给出登录页面的主要代码：

```
<div class="login">
    <div class="container">
        <ol class="breadcrumb">
        <li><a href="index.html">首页</a></li>
        <li class="active">登录</li>
        </ol>
        <div class="col-md-6 log">
            <p>欢迎登录，请输入以下信息以继续</p>
            <p>如果您之前已经登录我们，<span>请点击这里</span></p>
            <form>
                <h5>用户名:</h5>
                <input type="text" value="">
                <h5>密码:</h5>
                <input type="password" value="">
                <input type="submit" value="登录">
                <a href="#">忘记密码?</a>
            </form>
        </div>
        <div class="col-md-6 login-right">
            <h3>新注册</h3>
            <p>通过注册新账户，您将能够更快地完成结账流程，添加多个送货地址，查看并跟踪订单物流信息等等。</p>
            <a class="acount-btn" href="registration.html">创建一个账户</a>
        </div>
        <div class="clearfix"></div>
    </div>
</div>
```

15.3.5 商品展示页面

购物网站最重要的功能就是商品展示，本网站包括三个方面的商品展示，分别是女

装、男装和童装。下面以女装为例,给出实现商品展示功能的代码:

```html
<div class="product-model">
    <div class="container">
        <ol class="breadcrumb">
     <li><a href="index.html">首页</a></li>
     <li class="active">女装</li>
    </ol>
         <div class="col-md-9 product-model-sec">
                <a href="single.html"><div class="product-grid love-grid">
                    <div class="more-product"><span> </span></div>
                    <div class="product-img b-link-stripe b-animate-go thickbox">
                        <img src="images/bs3.jpg" class="img-responsive" />
                        <div class="b-wrapper">
                        <h4 class="b-animate b-from-left  b-delay03">
                                            
                            <button class="btns">立即抢购</button>
                        </h4>
                        </div>
                    </div></a>
                    <div class="product-info simpleCart_shelfItem">
                        <div class="product-info-cust prt_name">
                            <h4>蕾丝半身裙</h4>
                            <span class="item_price">¥154</span>
                            <input type="text" class="item_quantity" value="1" />
                            <input type="button" class="item_add items" value="加入购物车">
                        </div>
                        <div class="clearfix"> </div>
                    </div>
                </div>

                <a href="single.html"><div class="product-grid love-grid">
                    <div class="more-product"><span> </span></div>
                    <div class="product-img b-link-stripe b-animate-go thickbox">
                        <img src="images/ab2.jpg" class="img-responsive" />
                        <div class="b-wrapper">
                        <h4 class="b-animate b-from-left  b-delay03">
                                            
                            <button class="btns">立即抢购</button>
                        </h4>
                        </div>
                    </div></a>
                    <div class="product-info simpleCart_shelfItem">
                        <div class="product-info-cust">
                            <h4>雪纺连衣裙</h4>
                            <span class="item_price">¥187</span>
```

```html
                                    <input type="text" class="item_quantity" value="1" />
                                    <input type="button" class="item_add items" value="加入购物车">
                                </div>
                                <div class="clearfix"> </div>
                            </div>
                        </div>

                        <a href="single.html"><div class="product-grid love-grid">
                            <div class="more-product"><span> </span></div>
                            <div class="product-img b-link-stripe b-animate-go thickbox">
                                <img src="images/bs4.jpg" class="img-responsive" />
                                <div class="b-wrapper">
                                    <h4 class="b-animate b-from-left  b-delay03">
                                        <button class="btns">立即抢购</button>
                                    </h4>
                                </div>
                            </div>  </a>
                            <div class="product-info simpleCart_shelfItem">
                                <div class="product-info-cust">
                                    <h4>学院风连衣裙</h4>
                                    <span class="item_price">¥169</span>
                                    <input type="text" class="item_quantity" value="1" />
                                    <input type="button" class="item_add items" value="加入购物车">
                                </div>
                                <div class="clearfix"> </div>
                            </div>
                        </div>

                        <a href="single.html"><div class="product-grid love-grid">
                            <div class="more-product"><span> </span></div>
                            <div class="product-img b-link-stripe b-animate-go thickbox">
                                <img src="images/bs2.jpg" class="img-responsive" />
                                <div class="b-wrapper">
                                    <h4 class="b-animate b-from-left  b-delay03">
                                        <button class="btns">立即抢购</button>
                                    </h4>
                                </div>
                            </div></a>
                            <div class="product-info simpleCart_shelfItem">
                                <div class="product-info-cust">
                                    <h4>超短裙</h4>
                                    <span class="item_price">¥198</span>
                                    <input type="text" class="item_quantity"
```

```
value="1" />
                                <input type="button" class="item_add
items" value="加入购物车">
                            </div>
                            <div class="clearfix"> </div>
                        </div>
                    </div>

                    <a href="single.html"><div class="product-grid love-grid">
                        <div class="more-product"><span> </span></div>

                        <div class="product-img b-link-stripe b-animate-go thickbox">
                            <img src="images/bs1.jpg" class="img-responsive" />
                            <div class="b-wrapper">
                            <h4 class="b-animate b-from-left  b-delay03">

                                <button class="btns">立即抢购</button>
                            </h4>
                            </div>
                        </div></a>
                        <div class="product-info simpleCart_shelfItem">
                            <div class="product-info-cust">
                                <h4>长款连衣裙</h4>
                                <span class="item_price">¥167</span>
                                <input type="text" class="item_quantity"
value="1" />
                                <input type="button" class="item_add
items" value="加入购物车">
                            </div>
                            <div class="clearfix"> </div>
                        </div>
                    </div>

                    <a href="single.html"><div class="product-grid love-grid">
                        <div class="more-product"><span> </span></div>

                        <div class="product-img b-link-stripe b-animate-go thickbox">
                            <img src="images/bs5.jpg" class="img-responsive" />
                            <div class="b-wrapper">
                            <h4 class="b-animate b-from-left  b-delay03">

                                <button class="btns">立即抢购</button>
                            </h4>
                            </div>
                        </div></a>
                        <div class="product-info simpleCart_shelfItem">
                            <div class="product-info-cust">
                                <h4 class="love-info">长款半身裙</h4>
                                <span class="item_price">¥187</span>
                                <input type="text" class="item_quantity"
value="1" />
```

```
                                    <input type="button" class="item_add 
items" value="加入购物车">
                                </div>
                                <div class="clearfix"> </div>
                            </div>
                        </div>
                </div>
```

在每个商品展示页面的左侧还给出了商品列表功能,通过这个功能可以选择查看商品信息,代码如下:

```
<div class="rsidebar span_1_of_left">
    <section class="sky-form">
        <div class="product_right">
            <h3 class="m_2">商品列表</h3>
            <div class="tab1">
                <ul class="place">
                    <li class="sort">牛仔裤</li>
                    <li class="by"><img src="images/do.png" ></li>
                    <div class="clearfix"> </div>
                </ul>
                <div class="single-bottom">
                    <a href="#"><p>牛仔长裤</p></a>
                    <a href="#"><p>破洞牛仔裤</p></a>
                    <a href="#"><p>牛仔短裤</p></a>
                    <a href="#"><p>七分牛仔裤</p></a>
                </div>
            </div>
             <div class="tab2">
                <ul class="place">
                    <li class="sort">衬衫</li>
                    <li class="by"><img src="images/do.png" ></li>
                    <div class="clearfix"> </div>
                </ul>
                <div class="single-bottom">
                    <a href="#"><p>长袖衬衫</p></a>
                    <a href="#"><p>短袖衬衫</p></a>
                    <a href="#"><p>花格子衬衫</p></a>
                    <a href="#"><p>纯色衬衫</p></a>
                </div>
            </div>
             <div class="tab3">
                <ul class="place">
                    <li class="sort">裙装</li>
                    <li class="by"><img src="images/do.png" ></li>
                    <div class="clearfix"> </div>
                </ul>
                <div class="single-bottom">
                    <a href="#"><p>雪纺连衣裙</p></a>
                    <a href="#"><p>蕾丝长裙</p></a>
                    <a href="#"><p>超短裙</p></a>
                    <a href="#"><p>半身裙</p></a>
                </div>
            </div>
```

```html
            <div class="tab4">
               <ul class="place">
                   <li class="sort">休闲装</li>
                   <li class="by"><img src="images/do.png" ></li>
                      <div class="clearfix"> </div>
                </ul>
                <div class="single-bottom">
                       <a href="#"><p>通勤休闲装</p></a>
                       <a href="#"><p>户外运动装</p></a>
                       <a href="#"><p>沙滩休闲装</p></a>
                       <a href="#"><p>度假休闲装</p></a>
                </div>
            </div>
             <div class="tab5">
               <ul class="place">
                   <li class="sort">短裤</li>
                   <li class="by"><img src="images/do.png" ></li>
                      <div class="clearfix"> </div>
                </ul>
                <div class="single-bottom">
                       <a href="#"><p>沙滩裤</p></a>
                       <a href="#"><p>居家短裤</p></a>
                       <a href="#"><p>牛仔短裤</p></a>
                       <a href="#"><p>平角短裤</p></a>
                </div>
            </div>
```

为实现商品列表的动态效果,又在代码中添加了相关的 JavaScript 代码,代码如下:

```
<script>
       $(document).ready(function(){
          $(".tab1 .single-bottom").hide();
          $(".tab2 .single-bottom").hide();
          $(".tab3 .single-bottom").hide();
          $(".tab4 .single-bottom").hide();
          $(".tab5 .single-bottom").hide();
          $(".tab1 ul").click(function(){
          $(".tab1 .single-bottom").slideToggle(300);
          $(".tab2 .single-bottom").hide();
          $(".tab3 .single-bottom").hide();
          $(".tab4 .single-bottom").hide();
          $(".tab5 .single-bottom").hide();
          })
          $(".tab2 ul").click(function(){
          $(".tab2 .single-bottom").slideToggle(300);
          $(".tab1 .single-bottom").hide();
          $(".tab3 .single-bottom").hide();
          $(".tab4 .single-bottom").hide();
          $(".tab5 .single-bottom").hide();
          })
          $(".tab3 ul").click(function(){
          $(".tab3 .single-bottom").slideToggle(300);
          $(".tab4 .single-bottom").hide();
          $(".tab5 .single-bottom").hide();
          $(".tab2 .single-bottom").hide();
```

```
            $(".tab1 .single-bottom").hide();
        })
        $(".tab4 ul").click(function(){
            $(".tab4 .single-bottom").slideToggle(300);
            $(".tab5 .single-bottom").hide();
            $(".tab3 .single-bottom").hide();
            $(".tab2 .single-bottom").hide();
            $(".tab1 .single-bottom").hide();
        })
        $(".tab5 ul").click(function(){
            $(".tab5 .single-bottom").slideToggle(300);
            $(".tab4 .single-bottom").hide();
            $(".tab3 .single-bottom").hide();
            $(".tab2 .single-bottom").hide();
            $(".tab1 .single-bottom").hide();
        })
    });
</script>
```

商品列表功能的效果如图 15-17 所示。当单击某个商品时，可以展开其下的具体商品列表，如图 15-18 所示。

图 15-17　商品列表效果

图 15-18　展开商品详细列表

15.3.6　联系我们页面

打开本案例的主页 index.html 文件，然后单击首页下方的"联系我们"超链接，即可进入联系我们页面。下面给出联系我们页面的主要代码。

```
<div class="contact-section-page">
  <div class="contact_top">
     <div class="container">
    <ol class="breadcrumb">
      <li><a href="index.html">首页</a></li>
      <li class="active">联系我们</li>
    </ol>
        <div class="col-md-6 contact_left">
```

```html
            <h2>发送邮件</h2>
         <form>
           <div class="form_details">
                <input type="text" class="text" value="姓名" onfocus="this.value = '';" onblur="if (this.value == '') {this.value = 'Name';}"/>
                <input type="text" class="text" value="邮件地址" onfocus="this.value = '';" onblur="if (this.value == '') {this.value = 'Email Address';}"/>
                <input type="text" class="text" value="主题" onfocus="this.value = '';" onblur="if (this.value == '') {this.value = 'Subject';}"/>
                   <textarea value="Message" onfocus="this.value = '';" onblur="if (this.value == '') {this.value = 'Message';}">信息</textarea>
                <div class="clearfix"> </div>
                <input name="submit" type="submit" value="发信息">
            </div>
         </form>
      </div>
       <div class="col-md-6 company-right">
         <div class="contact-map">
            <iframe src="https://ditu.amap.com/"> </iframe>
         </div>
         <div class="company-right">
               <div class="company_ad">
                <h3>联系信息</h3>
                <address>
                <p>电子邮件：<a href="mail-to: info@example.com">xingouwu@163.com</a></p>
                <p>联系电话：010-123456</p>
                <p>地址：北京市南第二大街28-7-169号</p></address>
               </div>
         </div>
      </div>
   </div>
  </div>
</div>
```

程序运行效果如图 15-19 所示。

图 15-19 联系我们页面效果

15.4 项目总结

本实例模拟制作了一个在线购物网站，该网站的主体颜色为粉色，给人一种温馨浪漫的感觉。网站包括首页、女装/家居、男装/户外、童装/玩具以及关于我们等页面，这些功能可以用 HTML5 来实现。

对于首页中的导航菜单，均使用 JavaScript 来实现简单的动态消息。图 15-20 所示为首页的导航菜单，当把鼠标放置在某个菜单上时，就会显示其下面的菜单信息，如图 15-21 所示。

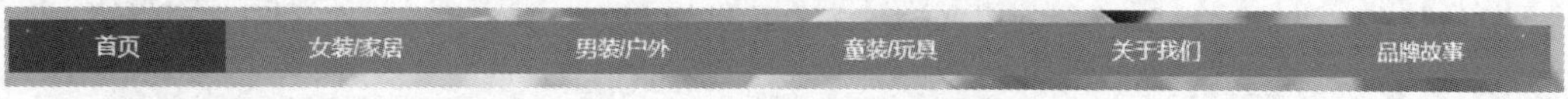

图 15-20　导航菜单分类模块

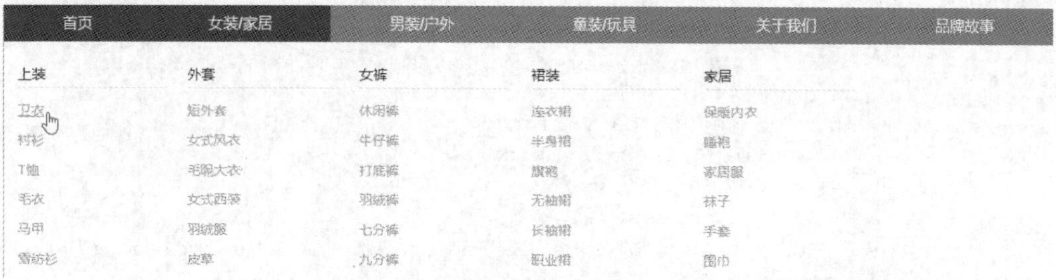

图 15-21　动态显示产品分类